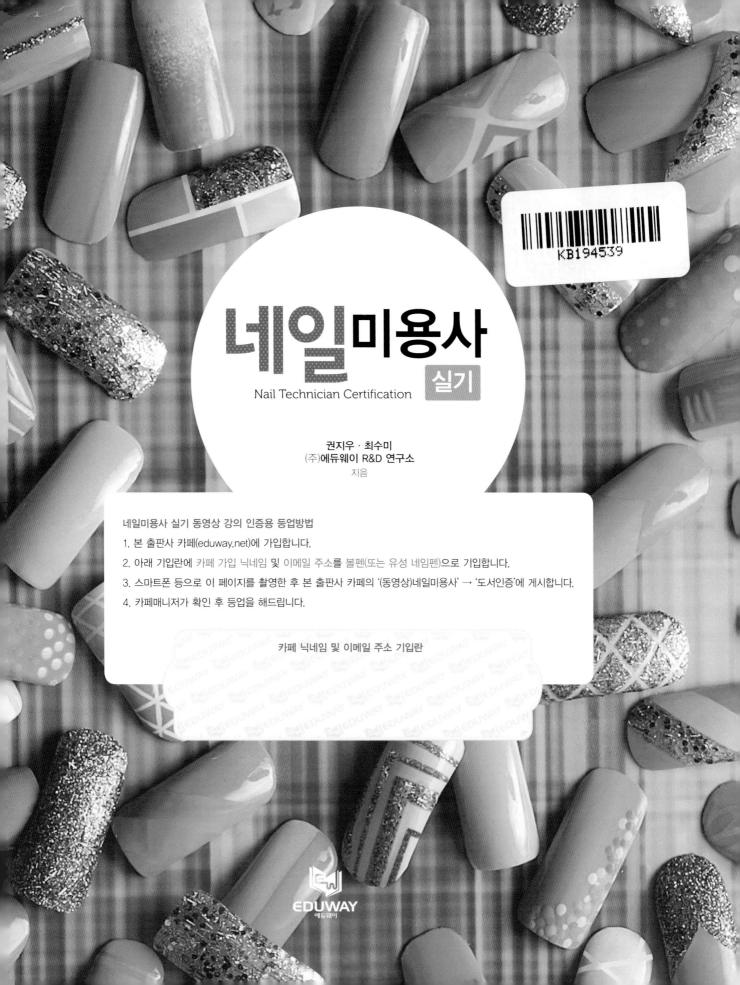

# 네일미용사 실기

Nail Technician Certification 실기

권지우 · 최수미
(주)에듀웨이 R&D 연구소
지음

네일미용사 실기 동영상 강의 인증용 등업방법

1. 본 출판사 카페(eduway.net)에 가입합니다.

2. 아래 기입란에 카페 가입 닉네임 및 이메일 주소를 볼펜(또는 유성 네임펜)으로 기입합니다.

3. 스마트폰 등으로 이 페이지를 촬영한 후 본 출판사 카페의 '(동영상)네일미용사' → '도서인증'에 게시합니다.

4. 카페매니저가 확인 후 등업을 해드립니다.

카페 닉네임 및 이메일 주소 기입란

EDUWAY
에듀웨이

지은이 | **권지우**
- 現) 쉬즈네일 아카데미 원장
- 한국네일진흥원 살롱웍마스터 심사위원
- 한국네일협회 인증강사 자격증 취득
- 한국네일협회 기술강사 자격증
- 서해대학교 피부미용학과 겸임교수
- 건국대학원 뷰티아카데미 네일아트강의
- 삼육대학교 대학원 나노향장학석사과정

지은이 | **최수미**
- 現) 쉬즈네일 아카데미 원장
- SINAIL 네일대회 심사위원
- Nail EXPO 네일대회 심사위원
- BINAIL 네일대회 심사위원

도움을 준 이
- 시술 : 이재순, 박효정, 박현주
- 모델 : 조은수, 전은경, 박소정, 이미진, 김가연
- 재료 협찬 : (주)네일천국

# 【국가직무능력표준(NCS) 기반 네일미용 학습모듈】

# Preface
## 머리말에 부쳐

이 책은 미용사(네일) 실기시험을 준비하는 수험생에게 무엇보다 실기시험 합격을 위한 명확한 기준을 제시하고자 하였습니다. 아울러 시험장에 들어가기 전에 반드시 숙지해야 할 내용들을 수험생의 입장에서 다음 몇 가지 특징을 염두에 두고 집필하였습니다.

【이 책의 특징】

첫째, 이 책의 가장 큰 특징은 심사기준, 심사포인트, 감점요인입니다. 감독위원들이 어떤 부분을 중점적으로 심사를 하는지, 또 감점요인에는 어떤 것들이 있으며, 어떤 점을 특별히 주의해야 하는지 등에 관한 내용을 집필하였습니다.

둘째, 공단에서 공개한 수험자 요구사항과 주의사항을 그대로 복사해서 전달하는 방식이 아니라 해당 시술 과정 곳곳에 말꼬리 설명이나 Checkpoint를 통해 정리하여 핵심적인 내용은 쉽게 이해할 수 있도록 하였습니다.

셋째, 각 과제마다 전체 시술과정을 도식화하여 한눈에 파악할 수 있도록 하였습니다. 복잡하거나 헷갈릴 수 있는 과정을 한눈에 볼 수 있어 전체 과정을 쉽게 이해하는 데 도움이 될 것입니다.

넷째, 전체 시술과정에 대한 무료 동영상강의를 제공하였습니다. 책으로는 다소 부족할 수 있는 부분을 동영상으로 보면서 보다 완벽하게 준비할 수 있도록 하였습니다. 이 책을 구입한 독자분이라면 에듀웨이 카페에서 간단한 인증절차를 거쳐 보실 수 있습니다.

이 책으로 공부하신 여러분 모두에게 합격의 영광이 있기를 기원하며 책을 출판하는데 도움을 주신 ㈜에듀웨이 출판사의 임직원 및 편집 담당자, 디자인 실장님에게 지면을 빌어 감사드립니다.

저자 일동 드림

출제
Examination Question's Standard
기준표

- 시 행 처 | 한국산업인력공단
- 자격종목 | 미용사(네일)
- 직무내용 | 고객의 건강하고 아름다운 네일을 유지 · 보호하기 위해 네일 케어, 컬러링, 인조 네일, 네일아트 등의 서비스를 제공하는 직무
- 실기검정방법 | 작업형
- 시험시간 | 약 2시간 30분(150분)
- 합격기준 | 100점을 만점으로 하여 60점 이상
- 수행준거 | 손톱, 발톱관리의 기본 시술, 컬러링의 기본 시술, 스컬프처 기본 시술, 팁 네일 기본 시술, 인조손톱 제거

| 주요항목 | 세부항목 | 세세항목 |
|---|---|---|
| **1** 네일이용 위생 | 1. 네일숍 청결 작업 | 1. 청소도구를 활용하여 실내 청소<br>2. 정리요령에 따라 집기류 정리<br>3. 청소 점검표에 따라 청결상태 점검 |
| | 2. 네일숍 안전 관리 | 1. 전기안전 수칙에 따라 안전 상태 수시 점검<br>2. 안전사고 발생 시 대책기관의 연락망 확보 |
| | 3. 미용기구 소독 | 1. 기구유형에 따라 효율적인 소독방법 결정<br>2. 소독방법에 따라 미용기구를 소독 및 일회용 네일용품의 위생 관리<br>3. 위생 점검표에 따라 소독상태 점검 및 정리 |
| | 4. 개인위생 관리 | 1. 소독제품의 특성에 따라 소독방법 선정<br>2. 작업자 손 소독 및 고객의 네일과 네일 주변 소독 |
| **2** 네일화장물 제거 | 1. 일반 네일 폴리시 제거 | 1. 일반 네일 폴리시 제거제 선택, 사용 및 제거상태 확인 |
| | 2. 젤 네일 폴리시 제거 | 1. 젤 네일 폴리시 제거제 선택<br>2. 네일 파일과 제거제를 사용 및 제거 상태 확인 |
| | 3. 인조 네일 제거 | 1. 인조 네일 제거를 위해 제거제 선택<br>2. 네일 파일과 제거제를 사용 및 제거 상태 확인 |
| **3** 네일 화장물 적용 전 처리 | 1. 일반 네일 폴리시 전 처리 | 1. 네일 길이와 모양 작업 및 표면 정리<br>2. 네일 상태에 따라 큐티클 정리 및 유분기와 잔여물 제거 |
| | 2. 젤 네일 폴리시 전 처리 | 1. 네일 길이와 모양 작업 및 표면 정리<br>2. 큐티클 정리 및 젤 네일의 접착력을 높이기 위한 전 처리제 도포 |
| | 3. 인조 네일 전 처리 | 1. 네일 길이와 모양 작업 및 표면 정리<br>2. 큐티클 정리 및 인조 네일의 접착력을 높이기 위한 전 처리제 도포 |

| 주요항목 | 세부항목 | 세세항목 |
|---|---|---|
| **4** 네일 화장물<br>적용 마무리 | 1. 일반 네일 폴리시<br>마무리 | 1. 네일 폴리시리무버를 사용하여 폴리시의 잔여물 정리<br>2. 네일 폴리시 건조 촉진제 사용<br>3. 보습을 위해 네일 주변에 큐티클 오일 사용 |
| | 2. 젤 네일 폴리시<br>마무리 | 1. 경화 상태에 따라 미경화 젤을 젤 클렌저를 사용하여 제거<br>2. 네일 표면을 매끄럽게 네일 파일 작업 후 톱 젤 도포<br>3. 청결을 위해 냉·온 수건과 멸균거즈를 사용<br>4. 보습을 위해 네일 주변에 큐티클 오일 사용 |
| | 3. 인조 네일<br>마무리 | 1. 작업된 화장물에 따라 네일 표면의 광택방법 선택<br>2. 분진 제거를 위해 미온수와 네일 더스트 브러시 사용<br>3. 청결을 위해 냉·온 수건과 멸균거즈 사용<br>4. 보습을 위해 네일 주변에 큐티클 오일 사용 |
| | 4. 네일 기본관리<br>마무리 | 1. 작업 방법에 따라 네일과 네일 주변의 유분기 제거<br>2. 청결을 위해 냉·온 수건과 멸균거즈 사용<br>3. 고객의 요청에 따라 마무리 방법을 선택<br>4. 사용한 제품 정리정돈 |
| **5** 네일 기본관리 | 1. 프리에지 모양 만들기 | 1. 자연 네일의 길이 조절, 프리에지 모양 조형<br>2. 자연 네일 상태에 따라 표면 정리<br>3. 프리에지의 거스러미 정리 |
| | 2. 큐티클 부분 정리 | 1. 큐티클 부분 연화를 위해 손톱과 손톱 주변 핑거볼 작업<br>2. 큐티클 부분 연화를 위해 발톱과 발톱 주변을 족욕기 작업<br>3. 큐티클 연화제를 선택 및 사용<br>4. 큐티클 부분 정리 도구 선택<br>5. 큐티클 부분의 상태에 따라 정리 및 소독 |
| | 3. 보습제 도포 | 1. 피부 상태에 따라 보습 제품을 선택 및 사용 |
| **6** 네일 컬러링 | 1. 풀 코트 컬러 도포 | 1. 풀 코트 컬러를 위해 베이스코트와 베이스 젤 얇게 도포<br>2. 풀 코트 컬러 도포 방법 선정 및 네일 폴리시 도포 후 젤 램프기기 사용<br>3. 컬러 보호와 광택을 위해 톱코트와 톱 젤 도포 |
| | 2. 프렌치 컬러 및<br>딥프렌치 컬러 도포 | 1. 프렌치(딥프렌치) 컬러를 위해 베이스코트와 베이스 젤 얇게 도포<br>2. 프렌치(딥프렌치) 컬러 도포 방법 선정 및 네일 폴리시 도포<br>3. 균일한 스마일 라인을 위하여 네일 폴리시 도포 및 젤 램프기기 사용<br>4. 컬러 보호와 광택 부여를 위해 톱코트와 톱 젤 도포 |
| | 3. 그러데이션 컬러<br>도포 | 1. 그러데이션 컬러 도포를 위해 베이스코트와 베이스 젤 얇게 도포<br>2. 그러데이션 컬러 도포 방법 선정 및 네일 폴리시 도포<br>3. 그러데이션의 위치 선정하여 경계 없이 그러데이션을 표현 후 젤 램프기기 사용<br>4. 그러데이션 컬러 보호와 광택 부여를 위해 톱코트와 톱 젤 도포 |

| 주요항목 | 세부항목 | 세세항목 |
|---|---|---|
| **7 팁 위드 파우더** | 1. 네일 팁의 선택 | 1. 자연 네일의 모양에 따라 적합한 네일 팁 선택<br>2. 자연 네일의 크기에 알맞은 네일 팁의 크기 선택<br>3. 고객의 요청에 따라 다양한 네일 팁 선택 |
| | 2. 풀 커버 팁 작업 | 1. 큐티클 부분 라인의 형태에 따라 풀 커버 팁 사전 조형<br>2. 필러 파우더를 적용하여 자연 네일의 굴곡을 매끄럽게 작업<br>3. 네일 접착제를 사용하여 기포가 들어가지 않게 풀 커버 팁 접착<br>4. 고객의 요청에 따라 길이와 모양 조절 |
| | 3. 프렌치 팁 작업 | 1. 자연 네일의 크기와 모양에 따라 프렌치 팁 선택<br>2. 네일 접착제를 사용하여 기포가 들어가지 않도록 프렌치 팁을 접착<br>3. 필러 파우더를 사용하여 프렌치 팁의 구조를 조형<br>4. 프렌치 팁의 완성을 위하여 네일 파일 선택 및 작업 |
| | 4. 내추럴 팁 작업 | 1. 네일의 크기와 모양에 따라 알맞은 내추럴 팁 선택 및 기포가 들어가지 않게 접착 후 팁 턱 제거<br>2. 필러 파우더를 사용하여 내추럴 팁의 구조 조형<br>3. 내추럴 팁의 완성을 위하여 네일 파일을 선택하여 작업 |
| **8 자연 네일 보강** | 1. 네일 랩 화장물 보강 | 1. 네일 랩을 이용하여 약해졌거나 손상됐거나 찢어진 자연 네일 보강 |
| | 2. 아크릴 화장물 보강 | 1. 아크릴을 이용하여 약해졌거나 손상됐거나 찢어진 자연 네일 보강 |
| | 3. 젤 화장물 보강 | 1. 젤을 이용하여 약해졌거나 손상됐거나 찢어진 자연 네일 보강 |
| **9 팁 위드 랩** | 1. 팁 위드 랩 네일팁 적용 | 1. 자연 네일의 크기와 모양에 따라 네일 팁 선택 및 접착 후 팁 턱 제거 |
| | 2. 네일 랩 적용 | 1. 인조 네일의 보강을 위하여 네일 랩 적용<br>2. 네일 상태에 따라 팁 위드 랩의 두께 조절<br>3. 형태를 조형하기 위해 기초 구조 작업 |
| | 3. 팁 위드 랩 네일 파일 적용 | 1. 팁 위드 랩 구조를 고려하여 네일 파일 선택<br>2. 네일 파일을 사용하여 형태 조형<br>3. 팁 위드 랩 완성도를 위하여 순차적인 네일 파일을 선택하여 광택 작업 |
| **10 랩 네일** | 1. 네일 랩 재단 | 1. 자연 네일 크기에 따라 네일 랩의 폭과 길이 측정<br>2. 자연 네일 상태에 따라 네일 랩의 재단방법 선택<br>3. 방법에 따라 자연 네일에 맞추어 재단 |
| | 2. 네일 랩 접착 | 1. 네일 랩에 기포가 들어가지 않도록 네일 표면에 접착 및 여분 재단<br>2. 네일 랩 고정을 위해 접착제 도포 |
| | 3. 네일 랩 연장 | 1. 고객의 요구에 따라 프리에지의 길이 연장, 프리에지 형태 조형, 두께 조절 및 형태 조형 |

| 주요항목 | 세부항목 | 세세항목 |
|---|---|---|
| Ⅲ 아크릴 네일 | 1. 아크릴 화장물 활용 | 1. 연습용 인조 손에 네일 팁 장착, 아크릴 화장물의 사용방법 숙련, 네일 폼 적용<br>2. 적합한 방법으로 아크릴 브러시 사용<br>3. 아크릴 네일의 파일 방법을 숙련 |
| | 2. 아크릴 원톤 스컬프처 | 1. 고객의 요구에 따라 프리에지의 길이 연장, 아크릴 원톤 스컬프처를 위한 두께 조절 및 형태 조형 |
| | 3. 아크릴 프렌치 스컬프처 | 1. 화이트 아크릴 파우더로 스마일 라인 조형<br>2. 프리에지 길이 연장, 두께 조절 및 형태 조형 |
| Ⅻ 네일 폴리시 아트 | 1. 일반 네일 폴리시 아트<br>2. 젤 네일 폴리시 아트<br>3. 통 젤 네일 폴리시 아트 | 1. 네일미용 도구를 사용하여 일반 네일 폴리시 아트, 젤 네일 폴리시 아트 및 통 젤 네일 폴리시 아트 작업<br>2. 페인팅 브러시 및 젤 페인팅 브러시를 사용하여 디자인<br>3. 일반 네일 폴리시의 성질을 이용하여 마블 기법 시행 및 톱코트 사용<br>4. 젤 네일 폴리시의 성질을 이용하여 마블 기법 시행 및 톱젤 사용<br>5. 통 젤 네일 폴리시의 성질을 이용하여 세밀한 디자인 작업 및 톱젤 사용 |
| ⅩⅢ 젤 네일 | 1. 젤 화장물 활용 | 1. 연습용 인조 손에 네일 팁 장착, 젤 화장물 사용방법 숙련 및 네일 폼 적용<br>2. 적합한 방법으로 젤 브러시 사용 및 젤 네일의 파일 방법 숙련<br>3. 젤 램프기기를 이용하여 젤 경화 |
| | 2. 젤 원톤 스컬프처 | 1. 베이스 젤 적용<br>2. 프리에지 길이 연장<br>3. 젤 램프기기를 이용하여 인조 네일 경화<br>4. 두께 조절 및 형태 조형 |
| | 3. 젤 프렌치 스컬프처 | 1. 베이스 젤 적용<br>2. 화이트 젤로 스마일 라인 조형<br>3. 프리에지 길이 연장<br>4. 젤 램프기기를 이용하여 젤 경화<br>5. 두께 조절 및 형태 조형 |

# 실기응시절차

*Accept Application - Objective Test Process*

## 01 시험일정 확인

1 한국산업인력공 홈페이지(q-net.or.kr)에 접속합니다.

2 화면 상단의 로그인 버튼을 누릅니다. '로그인 대화상자가 나타나면 아이디/비밀번호를 입력합니다.

※회원가입 : 만약 q-net에 가입되지 않았으면 회원가입을 합니다.
(이때 반명함판 크기의 사진(200kb 미만)을 반드시 등록합니다.)

원서접수기간, 필기시험일 등...
큐넷 홈페이지에서 해당 종목의
시험일정을 확인합니다.

3 메인 화면에서 원서접수를 클릭하고, 좌측 원서 접수신청을 선택하면 최근 기간(약 1주일 단위)에 해당하는 시험일정을 확인할 수 있습니다.

## 02 원서접수현황 살펴보기

4 좌측 메뉴에서 원서접수현황을 클릭합니다. 해당 응시시험의 [　　　]를 클릭합니다.

5 그리고 자격선택, 지역, 시/군/구, 응시유형을 선택하고 🔍(조회버튼)을 누르면 해당시험에 대한 시행장소 및 응시정원이 나옵니다.

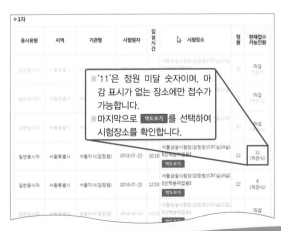

※'11'은 정원 미달 숫자이며, 마감 표시가 없는 장소에만 접수가 가능합니다.
※마지막으로 약도보기를 선택하여 시험장소를 확인합니다.

※만약 해당 시험의 원하는 장소, 일자, 시간에 응시정원이 초과될 경우 시험을 응시할 수 없으며 다른 장소, 다른 일시에 접수할 수 있습니다.

**03**
**원서접수**

⑥ 시험장소 및 정원을 확인한 후 오른쪽 메뉴에서 '원서접수신청'을 선택합니다. 원서접수
신청 페이지가 나타나면 현재 접수할 수 있는 횟차가 나타나며, 접수하기 를 클릭합니다.

⑦ 응시종목명을 선택합니다. 그리고 페이지 아래 수수료 환불 관련 사항에 체크 표시하고
다음 (다음 버튼)을 누릅니다.

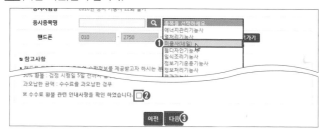

⑧ 자격 선택 후 종목선택 – 응시유형 – 추가입력 – 장소선택 – 결제 순서대로 사용자의
신청에 따라 해당되는 부분을 선택(또는 입력)합니다.

마지막
수험표 확인은
필수!

※응시료
• 필기 : 14,500원    • 실기 : 17,200원

**04**
**실기시험**
**응시**

**실기시험 시험일 유의사항**
❶ 실기시험용 도구 · 재료 지참 및 모델 동석
❷ 고사장에 30분 전에 입실(입실시간 미준수시
  시험응시 불가)
  ※기타 실기시험에 관련 기본 내용은
   16페이지 참조

**05**
**합격자**
**발표**

필기시험 합격자에 한하여 실기시험
접수기간에 Q-net 홈페이지에서 접수

**06**
**자격증**
**발급**

공단지사에 직접 방문하여 수령받거나 인터넷에
신청하면 우편으로 수령받을 수 있음

※ 기타 사항은 한국산업인력공단 홈페이지(q-net.or.kr)를 방문하거나 또는 전화 1644-8000에 문의하시기 바랍니다.

# 이 책의 구성

합격에 필요한 심사기준 및 심사포인트 수록 ▶

- 심사기준 및 심사포인트를 과제별로 수록하여 시술에 있어 반드시 수행해야 할 부분을 정리하였습니다.
- 특히 심사기준에 배점을 두어 단계별로 중요도를 나타내었습니다.

▼ 과제별로 전체 과정을 비교·정리!

각 과제별로 전체 과정을 도식화하여 쉽게 이해할 수 있도록 하였으며, 제한 시간 내에 작업을 마칠 수 있도록 과정별 시간 배분 기준을 제시하였습니다.

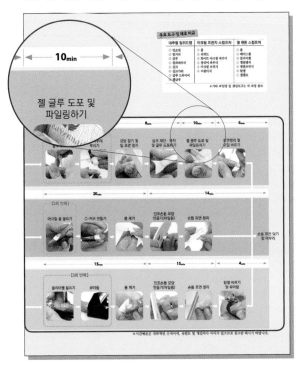

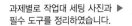

과제별로 작업대 세팅 사진과 ▶
필수 도구를 정리하였습니다.

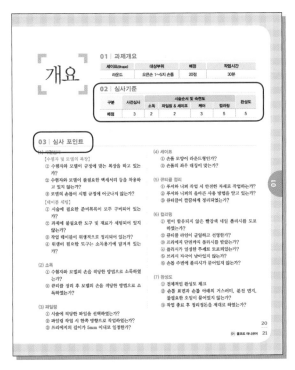

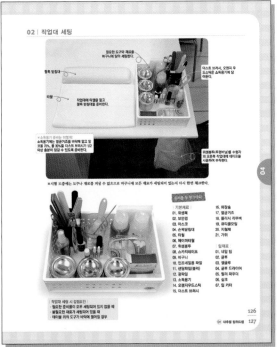

*Nail Technician Certification*

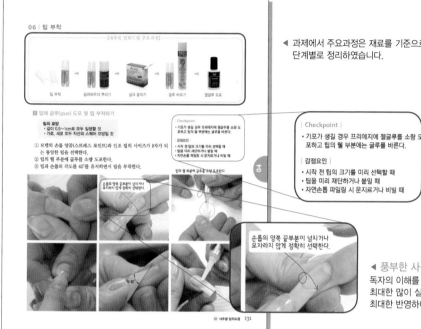

◀ 과제에서 주요과정은 재료를 기준으로
단계별로 정리하였습니다.

◀ Checkpoint 및 감점요인
각 단계별로 심사기준에서 놓치기 쉬운 부분이나
중요사항은 체크포인트 및 감점요인으로
수록하였습니다.

◀ 풍부한 사진과 꼼꼼한 설명
독자의 이해를 돕기위해 시술에 관련된 사진을
최대한 많이 실었으며, 저자의 경험과 노하우를
최대한 반영하여 상세히 설명하였습니다.

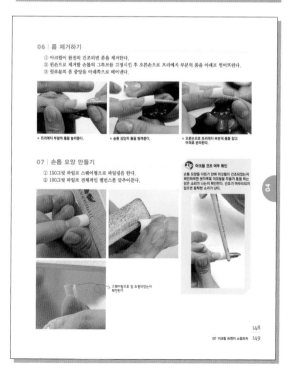

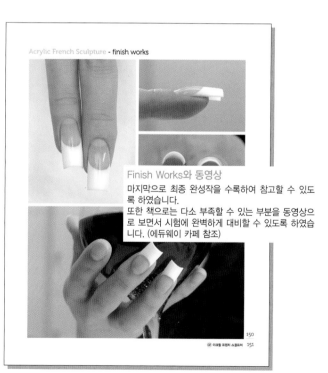

Finish Works와 동영상
마지막으로 최종 팁완성작을 수록하여 참고할 수 있도
록 하였습니다.
또한 책으로는 다소 부족할 수 있는 부분을 동영상으
로 보면서 시험에 완벽하게 대비할 수 있도록 하였습
니다. (에듀웨이 카페 참조)

# 미용사(네일)
# 도구 & 재료

미용사(네일) 실기시험에 반드시 필요한 네일 도구 및 재료의
종류와 기능을 정리해보자!

**가운**
모든 시술에서 항상 착용해야 한다.
(흰색, 시술자용)

**비닐봉투와 테이프**
사용하고 난 거즈나 화장솜
등을 버릴 때

**마스크**
모든 시술에서 항상 착용해야 한다.

**바구니**
도구 및 재료를
세팅할 때 사용
(20×30cm 이상)

**팔목받침대**
40×80cm 내외의
크기로 준비

**타월**
40×80cm 내외의
크기로 준비

**페이퍼 타월**
전 과제 공통

**페이퍼 타월**
소독기구 등을 닦을 때

**소독된 거즈**
손톱의 먼지를 제거할 때

Common

**멸균거즈**
손의 물기를 닦거나 젖은 기구를
닦을 때

**더스트 브러시**
파일링 후 먼지를 털어낼 때

**오렌지우드스틱**
· 큐티클을 밀어올릴 때
· 손톱의 이물질을 제거할 때
· 네일 주변의 폴리시를 제거할 때

**샌딩파일**
손톱의 표면을 정리하거나 거스러미를
제거할 때

**소독용기**
소독용기에 알코올 : 물 비율을 약 7:3으로
넣고 오렌지 우드스틱, 브러시, 푸셔, 니퍼,
클리퍼 등을 미리 담가놓고 사용

**스킨소독제(안티셉틱)**
시술 전·후에 손을 소독
하는데 쓰임

**푸셔**
큐티클을 밀어올릴 때

**니퍼**
손톱 위의 큐티클(굳은살)을
정리하는 도구

**우드파일**
자연네일을 다듬을 때

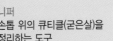
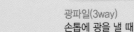
**광파일(3way)**
손톱에 광을 낼 때

**지혈제**
푸셔나 니퍼로 큐티클 정리할 때
피가 날 경우 지혈

**큐티클 오일**
큐티클 연화제

**파일**
손톱의 모양을 잡을 때

도구와 재료의
용도를 알면
시술과정을 보
다 바르게 이해
할 수 있죠

14

**폴리시 리무버**
폴리시를 지울 때

**핑거볼 및 보온병**
손의 큐티클을 부풀릴 때

**베이스코트**
폴리시로부터 손톱을
보호하는 제품

**스펀지**
그라데이션으로 칠할 때

**토우 세퍼레이터**
발가락 사이에 끼워 도
포한 폴리시의 훼손을
방지

**레드 & 화이트 폴리시**
펄성분이 없는 순수 폴리시

**탑코트**
폴리시의 광택효과를 더하고
벗겨짐을 방지하는 제품

**분무기**
각탕기 대용으로 사용

**베이스젤**
젤 폴리시를 바르기
전에 사용

**레드 & 화이트 젤**
젤 매니큐어에 사용

**탑젤**
젤을 보호하고
광택을 내기 위해

**세필붓**
젤을 네일에 그릴때 쓰는 가는 붓

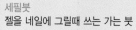

**호일**
젤을 호일에 덜어내어 양을 조절한다.

**젤클렌저**
젤을 램프에 경화 후 끈끈한
미경화젤을 닦아낼 때

**UV램프**
젤을 경화시킬 때 사용하는 램프
(사용 과제 : 풀코드 젤 매니큐어,
젤 마블링, 젤 원톤 스컬퍼처)

인조
네일
Artificial nail

**보안경**
인조네일 시술 시 착용
(안경으로 대체 가능)

**인조팁**
손톱을 인공적으로
늘릴 때

**팁커터**
팁의 길이를 자를 때

**디펜디시**
리퀴드를 담는 용기

**필러 파우더**
랩이나 네일 팁이 갈라졌거나 떨어
져나간 부분을 채울 때 또는 익스
텐션 작업할 때

**글루**
팁을 손톱에 부착할 때

**네일 폼**
손톱 연장을 위해 끼우는 폼

**글루드라이어**
글루가 잘 마를 수 있도록
도와 주는 제품

**실크와 실크가위**
실크를 자르는 전용 가위

**아크릴 리퀴드**
아크릴 파우더를
반죽하거나
묽게할 때

**젤클렌저**

**쏙오프 전용 리무버**
인조네일 제거할 때

**젤글루**
글루보다 접착력이 뛰어나
네일 팁을 오래 유지시키
고자 할 때

**클리어젤**
젤 원톤 스컬프처의 손톱
연장에 사용하는 젤

**젤 브러시**
클리어 젤을 올릴 때

**아크릴 브러시**
아크릴 파우더를 손톱에
얹을 때

**화이트 파우더**
아크릴 네일을
연장할 때

**클리어 파우더**
아크릴릭 네일에
사용되는 분말

**베이스젤**

**탑젤**

**네일 클리퍼**
인조네일 제거 시 사용

**UV램프**

**오렌지우드스틱**
• 손톱의 이물질을 제거할 때

16

# WHAT'S ON
## THIS BOOK?

### | 제1장 | 매니큐어

풀코트 레드
22

프렌치 화이트
36

딥프렌치 화이트
44

그라데이션 화이트
52

### | 제2장 | 페디큐어

풀코트 레드
62

딥프렌치 화이트
74

그라데이션 화이트
82

### | 제3장 | 젤 매니큐어

선 마블링
94

부채꼴 마블링
106

### | 제4장 | 인조네일

내추럴 팁위드랩
118

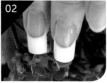
아크릴 프렌치 스컬프처
134

젤 원톤 스컬프처
146

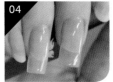
네일랩 익스텐션
158

### | 제5장 | 인조네일 제거

인조네일 제거
171

# 미용사(네일)
# 실기 개요

## 01 미용사(네일) 과제 유형 (2시간 30분)

| 과제 유형 | 제1과제(60분) | | 제2과제(35분) | 제3과제(40분) | 제4과제(15분) |
|---|---|---|---|---|---|
| | 매니큐어 | 페디큐어 | 젤 매니큐어 | 인조네일 | 인조네일 제거 |
| 셰이프 | 라운드 | 스퀘어 | 라운드 | • 자연손톱 : 라운드 또는 오벌<br>• 인조손톱 : 스퀘어 | 라운드 또는 오벌 |
| 대상부위 | 오른손 1~5지 손톱 | 오른발 1~5지 발톱 | 왼손 1~5지 손톱 | 오른손 3, 4지 손톱 | 오른손 3지 손톱 |
| 세부과제 | ① 풀컬러 레드<br>② 프렌치 화이트<br>③ 딥프렌치 화이트<br>④ 그라데이션 화이트 | ① 풀컬러 레드<br>② 딥 프렌치 화이트<br>③ 그라데이션 화이트 | ① 선 마블링<br>(선긋기, 레드&화이트)<br>② 부채꼴 마블링<br>(부채꼴, 레드&화이트) | ① 내추럴 팁위드랩<br>② 젤 원톤 스컬프처<br>③ 아크릴 프렌치 스컬프처<br>④ 네일랩 익스텐션 | 제3과제에서 선택된 인조네일 제거 |
| 배점 | 20 | 20 | 20 | 30 | 10 |

## 02 과제 선정

총 4과제로 시험 당일 각 과제가 랜덤으로 선정되는 방식으로 다음과 같이 선정됨
- 제1과제 : 매니큐어 ①~④ 과제 중 1과제 선정
　　　　　　페디큐어 ①~③ 과제 중 1과제 선정
- 제2과제 : 젤 매니큐어 ①~② 과제 중 1과제 선정
- 제3과제 : 인조네일 ①~④ 과제 중 1과제 선정
- 제4과제 : 3과제 시 선정된 인조네일 제거

## 03 다음 과제를 위한 준비시간

1, 2과제 종료 후 약 10~15분, 3과제 종료 후 약 5분 정도의 준비시간이 부여됨

## 04 모델의 조건

① 수험자가 직접 대동할 것
② 만 15세 이상의 신체 건강한 남녀로 다음의 조건에 해당하지 않아야 함
- 자연 손 · 발톱이 10개가 아니거나 10개를 모두 사용할 수 없는 자(단, 발톱은 한쪽 발 기준으로 자연 발톱이 5개가 아니거나 5개를 모두 사용할 수 없는 자)
- 손 · 발톱 미용에 제한을 받는 손 · 발톱 질환을 가진 자 (물어뜯는 손톱, 파고드는 발톱, 멍든 발톱, 손 · 발톱 무좀 등의 손 · 발톱 질환)
- 호흡기 질환, 민감성 피부, 알레르기 등이 있는 자
- 임신 중인 자
- 정신질환자

## 05 점수와 관계없이 불합격 처리되는 경우

- 시험의 전체 과정을 응시하지 않은 경우
- 시험 도중 시험장을 무단이탈하는 경우
- 부정한 방법으로 타인의 도움을 받거나 타인의 시험을 방해하는 경우
- 무단으로 모델을 수험자 간에 교환하는 경우
- 국가자격검정 규정에 위배되는 부정행위 등을 하는 경우

## 06 기타 주의사항

- 스톱워치나 손목시계, 핸드폰 지참 불가
- 도구 및 재료에 구별을 위해 스티커 등의 표식 불가
- 그라데이션 과제를 제외한 1과제는 컬러 도포 시 네일 폴리시의 브러시 사용할 것
- 2과제 마블링 표현 시 아트용 브러시 사용 가능
- 젤네일 폴리시는 통젤 제품 허용 안 됨
　(단, 베이스젤 및 탑젤은 가능)
- 일회용 재료 및 도구는 반드시 새것을 사용할 것
- 수험 중에 지정된 자리를 이탈하거나 다른 수험자와 대화 등을 할 수 없으며, 질문이 있는 경우 손을 들고 감독위원이 올 때까지 기다려야 함

Chapter 01

# MANICURE
매니큐어

# Course Preview

## 매니큐어 · 페디큐어

공개과제 중 매니큐어에서 4과제 중 1과제가, 페디큐어에서 3과제 중 1과제가 공개됩니다. 아래 표는 매니큐어(페디큐어)의 과제별 주요 과정을 비교 · 정리한 것이므로 충분히 숙지하시기 바랍니다. (※ 페디큐어의 시술과정은 매니큐어와 동일합니다)

시간배분 ◀——————————————— **5min** ———————————————▶

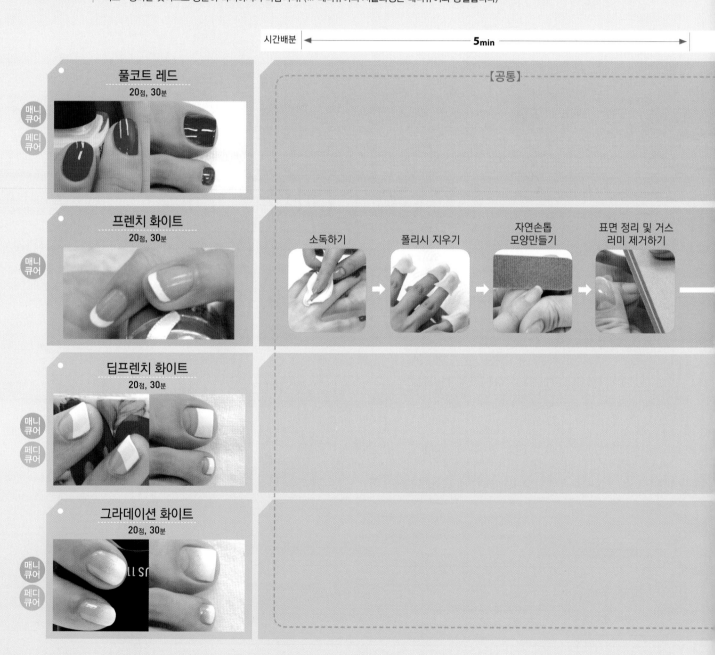

| 풀코트 레드<br>20점, 30분 | 【공통】 | | | |
| --- | --- | --- | --- | --- |
| 매니큐어<br>페디큐어 | | | | |
| 프렌치 화이트<br>20점, 30분 | 소독하기 | 폴리시 지우기 | 자연손톱<br>모양만들기 | 표면 정리 및 거스<br>러미 제거하기 |
| 매니큐어 | | | | |
| 딥프렌치 화이트<br>20점, 30분 | | | | |
| 매니큐어<br>페디큐어 | | | | |
| 그라데이션 화이트<br>20점, 30분 | | | | |
| 매니큐어<br>페디큐어 | | | | |

| 풀코트 레드 | 프렌치 화이트<br>딥프렌치 화이트 | 그라데이션 화이트 |
|---|---|---|
| ① 베이스코트<br>② 레드 폴리시<br>③ 탑코트<br>④ 폴리시 리무버<br>⑤ 큐티클 오일<br>⑥ 핑거볼 | ① 베이스코트<br>② 화이트 폴리시<br>③ 탑코트<br>④ 폴리시 리무버<br>⑤ 큐티클 오일<br>⑥ 핑거볼 | ① 베이스코트<br>② 화이트 폴리시<br>③ 탑코트<br>④ 폴리시 리무버<br>⑤ 큐티클 오일<br>⑥ 핑거볼<br>⑦ 스펀지 |

※기타 파일링 및 샌딩도구는 각 과정 참조

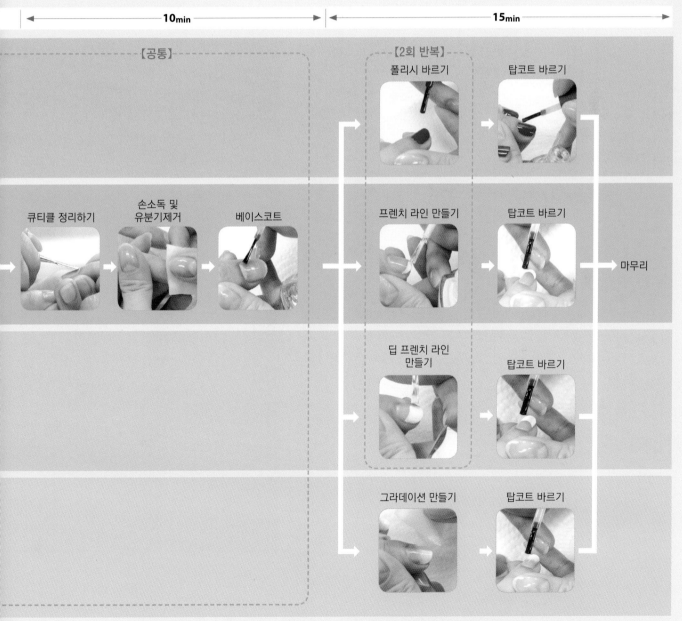

※시간배분은 개략적인 수치이며 개인마다 차이가 있으므로 참고만 하시기 바랍니다.

# 01

# **FULL**COAT
# RED

풀코트 레드

# 개요

## 01 | 과제개요

| 셰이프(Shape) | 대상부위 | 배점 | 작업시간 |
|---|---|---|---|
| 라운드 | 오른손 1~5지 손톱 | 20점 | 30분 |

## 02 | 심사기준

| 구분 | 사전심사 | 시술순서 및 숙련도 | | | | 완성도 |
|---|---|---|---|---|---|---|
| | | 소독 | 파일링 & 셰이프 | 케어 | 컬러링 | |
| 배점 | 3 | 2 | 2 | 3 | 5 | 5 |

※세부 심사기준은 실제 채점방식과 다를 수 있으나 핵심 요구사항은 유사하므로 참고하시면 도움이 됩니다.

## 03 | 심사 포인트

### (1) 사전심사

【수험자 및 모델의 복장】
① 수험자와 모델이 규정에 맞는 복장을 하고 있는가?
② 수험자와 모델이 불필요한 액세서리 등을 착용하고 있지 않은가?
③ 모델의 손톱이 시험 규정에 어긋나지 않는가?

【테이블 세팅】
① 시술에 필요한 준비목록이 모두 구비되어 있는가?
② 과제에 불필요한 도구 및 재료가 세팅되어 있지 않은가?
③ 작업 테이블이 위생적으로 정리되어 있는가?
④ 위생이 필요한 도구는 소독용기에 담겨져 있는가?

### (2) 본심사

【시술 순서 및 숙련도】
① 시술 순서가 잘못되지 않았는가?
② 전체 과정을 얼마나 능숙하게 작업하였는가?

【소독】
① 수험자와 모델의 손을 적당한 방법으로 소독하였는가?
② 큐티클 정리 후 모델의 손을 적당한 방법으로 소독하였는가?

【파일링】
① 시술에 적당한 파일을 선택하였는가?
② 파일링 작업 시 한쪽 방향으로 작업하였는가?
③ 프리에지의 길이가 5mm 이내로 일정한가?

【셰이프】
① 손톱 모양이 라운드형인가?
② 손톱의 좌우 대칭이 맞는가?

【큐티클 정리】
① 푸셔와 니퍼 작업 시 안전한 자세로 작업하는가?
② 푸셔와 니퍼의 올바른 사용 방법을 알고 있는가?
③ 큐티클이 깔끔하게 정리되었는가?

【컬러링】
① 펄이 함유되지 않은 빨강색 네일 폴리시를 도포하였는가?
② 큐티클 라인이 균일하고 선명한가?
③ 프리에지 단면까지 폴리시를 발랐는가?
④ 폴리시가 일정한 두께로 도포되었는가?
⑤ 브러시 자국이 남아있지 않은가?
⑥ 손톱 주변에 폴리시가 묻어있지 않은가?

【완성도】
① 전체적인 완성도 체크
② 손톱 표면과 손톱 아래의 거스러미, 분진 먼지, 불필요한 오일이 묻어있지 않은가?
③ 작업 종료 후 정리정돈을 제대로 하였는가?

# 사전
# 심사
Pre-evaluation

## 01 │ 수험자 및 모델의 복장

### (1) 수험자

① 상의 : 흰색 위생복(반팔 또는 긴팔 가운)

② 하의 : 긴바지(색상, 소재 무관)

③ 마스크

④ 컬러링 : 자연손톱 색상만 가능

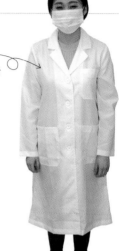

• 일회용 위생복 사용 불가
• 위생복이 반팔인 경우 위생복 안에는
  반팔 상의(색상 무관)를 입을 것

| 기타 주의사항 |
• 복장에 소속을 나타내거나 표식이 없을 것
• 눈에 보이는 표식(네일 컬러링, 디자인 등)이 없을 것
• 액세서리(반지, 시계, 팔찌, 발찌, 목걸이, 귀걸이 등) 착용 금지

### (2) 모델

① 상의 : 흰색 무지(소재 무관, 남방류, 니트류 허용, 유색 무늬 불가, 아이보리색 등의 유색 불가)

② 하의 : 긴바지(색상 무관)

③ 마스크

④ 손 · 발톱 상태

• 자연 손 · 발톱 상태일 것

• 보수 : 오른손, 왼손, 오른발 각 부위별 2개까지만 허용 (※오른손 3, 4지는 보수 허용 안 됨)

  ※보수의 범위 : 실크, 아크릴 등의 길이 연장 가능(길이와 모양은 규정에 맞게 할 것)

• 바지 : 색상 등의 특별한 제한이 없으며, 위생 상태가 양호할 것
• 신발 : 종류 제한 없음

| 구분 | 오른손 |
|---|---|
| 셰이프 | 스퀘어 또는 오프스퀘어 |
| 케어 | 일주일 이상 정리되어 있지 않은 상태 |
| 컬러링 | • 펄이 함유되지 않은 빨강색 네일 폴리시 사전 도포<br>• 2회 이상 풀코트로 도포하되 완전히 건조된 상태일 것 |

⑤ 나이 제한 : 14세 이상(연도 기준)

| 기타 주의사항 |
• 눈에 보이는 표식(네일 컬러링, 디자인 등)이 없을 것
• 액세서리(반지, 시계, 팔찌, 발찌, 목걸이, 귀걸이 등) 착용 금지

※ 신분증 반드시 지참할 것

※ 모델의 준비 상태가 적합하지 않을 경우 감점 또는 0점 처리

**팔목받침대**
40×80cm 내외의 크기로 준비할 것 (팔목받침대가 없으면 타월을 말아서 대체 가능)

필요한 도구와 재료를 바구니에 담아 세팅한다.

멸균거즈, 화장솜, 스펀지, 페이퍼 타월은 뚜껑이 있는 용기에 보관할 것

**소독용기 준비는 이렇게!**
소독용기는 유리용기를 사용하며, 멸균거즈를 바닥에 깔고 알코올 70%, 물 30%를 푸셔, 니퍼, 오렌지 우드 스틱, 더스트 브러시가 충분히 잠길 수 있도록 준비한다.

타월

작업대에 타월을 깔고, 그 위에 페이퍼 타월을 준비한다.

※페이퍼 타월
기구 소독이나 재료의 세팅, 브러시 등의 잔여물을 닦는 용도로 사용해야 함

**화장품 준비 방법**
• 시중에 판매되는 제품 준비
• 사용하던 제품도 가능
• 다른 용기에 덜어오는 것은 안 됨
• 폴리시 리무버의 경우 용기에 담겨진 형태로 덜어서 지참 가능

• 핑거볼, 보온병, 분무기 등 부피가 큰 도구는 바구니 밖에 깔끔하게 세팅해도 된다.
• 핑거볼에 물을 미리 부어도 되지만 시술 도중 물을 쏟으면 감점을 받을 수 있으므로 사용 직전에 물을 부어 사용하도록 한다.

위생봉투(투명비닐)를 수험자의 오른쪽 작업대에 테이프를 사용하여 부착한다.

※시험 도중에는 도구나 재료를 꺼낼 수 없으므로 바구니에 모든 재료가 세팅되어 있는지 다시 한번 체크한다.

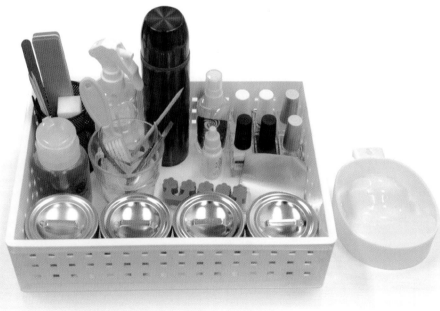

**준비물 꼭 챙기세요!**

| | |
|---|---|
| 01. 위생복 | 17. 화장솜 |
| 02. 마스크 | 18. 멸균거즈 |
| 03. 손목받침대 | 19. 스펀지 |
| 04. 타월 | 20. 탑코트 |
| 05. 페이퍼타월 | 21. 베이스코트 |
| 06. 위생봉투 | 22. 레드 폴리시 |
| 07. 스카치테이프 | 23. 화이트 폴리시 |
| 08. 바구니 | 24. 폴리시 리무버 |
| 09. 우드파일 | 25. 큐티클오일 |
| 10. 샌딩 파일 | 26. 지혈제 |
| 11. 소독용기 | 27. 핑거볼 |
| 12. 안티셉틱 | 28. 보온병(미온수) |
| 13. 푸셔 | 27. 분무기 |
| 14. 니퍼 | 28. 토우 세퍼레이터 |
| 15. 오렌지우드스틱 | 29. 호일 |
| 16. 더스트 브러시 | |

│ **작업대 세팅 시 감점요인** │
• 필요한 준비물이 모두 세팅되어 있지 않을 때
• 불필요한 도구 및 재료가 세팅되어 있을 때
• 테이블 위의 도구가 바닥에 떨어질 경우
• 핑거볼의 물이 테이블 위로 흘러넘칠 경우

# 본심사
Main evaluation

**멸균거즈 준비**
- 시중의 약국 등에서 판매되는 제품 사용
- 마른 상태로 사용하거나 물이나 알코올 등을 적신 상태로 사용

**멸균거즈의 사용 용도**
- 손의 물기를 닦을 때
- 젖은 상태의 기구를 닦을 때
- 네일 폴리시의 병 입구를 닦을 때
- 마무리 시 큐티클 주변 등의 네일 거스러미를 제거할 때 등

## 01 | 소독 및 위생

### (1) 수험자의 손 소독하기
① 마른 멸균거즈에 안티셉틱을 3회 정도 뿌려 양손을 번갈아가며 손등, 손바닥, 손가락 사이를 꼼꼼히 닦아낸다.
② 사용한 멸균거즈는 위생봉투에 버린다.

### (2) 모델의 손 소독하기
① 마른 멸균거즈에 안티셉틱을 3회 정도 뿌려 오른손 손등, 손바닥, 손가락, 손톱을 꼼꼼히 닦아낸다.
② 사용한 멸균거즈는 위생봉투에 버린다.

**Tip 소독제 준비 방법**
- 펌프식 혹은 스프레이식의 용기 등에 알코올 등의 소독제를 넣어 사용
- 화장품, 기구, 손 등의 소독에 사용

▲ 수험자의 손 소독하기

▲ 모델의 손 소독하기

## 02 | 폴리시 지우기

**지우는 순서 : 5지 → 4지 → 3지 → 2지 → 1지**

① 화장솜에 리무버를 충분히 적신 후 모델의 손톱 위에 3초 정도 올려놓는다.
② 검지와 엄지를 사용하여 좌우로 흔들어주면서 앞으로 빼며 지워준다.
③ 큐티클 라인과 네일 그루브 사이에 낀 폴리시는 오렌지 우드 스틱에 화장솜을 감아 폴리시 리무버를 묻혀 닦아낸다.

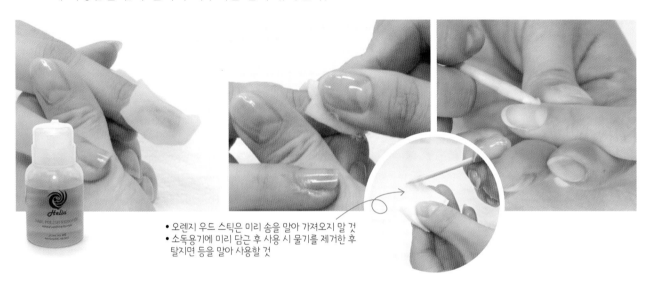

• 오렌지 우드 스틱은 미리 솜을 말아 가져오지 말 것
• 소독용기에 미리 담근 후 사용 시 물기를 제거한 후 탈지면 등을 말아 사용할 것

## 03 | 손톱모양 만들기

**1 파일링**

① 우드파일을 이용하여 모델의 오른손 5지부터 1지까지 손톱 모양을 라운드형으로 만든다.
② 파일의 면을 이용하여 손톱의 오른쪽 스트레스 포인트에서 중앙으로, 또 왼편의 스트레스 포인트에서 중앙으로 한쪽 방향으로 파일링을 해서 좌우 대칭인 라운드 모양의 손톱을 만든다.

| Checkpoint |

• 프리에지 길이 : 5mm 이하
• 손톱 모양 : 라운드형

| 감점요인 |

• 파일을 문지르거나 비벼서 사용할 때
• 다섯 손가락 모두 길이와 모양이 일정하지 않을 때

**Tip 라운드형이란?**

• 스트레스 포인트에서부터 프리에지까지 직선이 존재할 것
• 손톱의 끝부분이 라운드 형태를 이룰 것
• 프리에지의 어느 곳에서도 각이 없는 상태일 것

## 2 표면 정리 및 거스러미 제거하기

① 샌딩 파일로 손톱 표면에 라운드를 그리며 파일링을 한다.
② 엄지와 소지로 샌딩 파일의 양 끝을 잡고 원을 그리듯 손톱 표면을
  부드럽게 파일링한다.
③ 파일링이 끝난 뒤 생기는 거스러미는 샌딩 파일을 이용하여 제거한다.
④ 완성된 손톱이 전체적으로 잘되었는지 확인한다.

| Checkpoint |
• 디스크패드는 재료목록에는 없지만 추가로 지참
  이 가능하며, 거스러미 제거 시 디스크패드로 작
  업해도 된다.

## 3 먼지 제거하기

① 소독용기에 담긴 더스트 브러시를 꺼낸 뒤 마른 멸균거즈를 이용하
  여 물기를 제거한다.
② 물기가 제거된 더스트 브러시로 손톱 주변의 먼지를 제거한다.

| Checkpoint |
• 소독용기에서 꺼낸 더스트 브러시는 멸균거즈로
  물기를 닦아낸 뒤 사용한다.
• 사용 후 다시 소독용기에 담글 필요는 없지만 출
  혈이 있는 부위에 사용했을 경우에는 다시 소독
  용기에 넣은 후 사용하도록 한다.

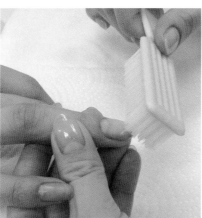

## 04 │ 큐티클 정리하기

### ■ 핑거볼에 손가락 담그기

① 보온병에 준비해온 미온수를 핑거볼에 1/2~2/3 정도 높이로 붓는다.

② 모델의 오른손을 핑거볼에 담근 후 푸셔, 니퍼, 큐티클 오일을 준비한다.

③ 핑거볼에서 손을 꺼내어 마른 멸균거즈로 물기를 닦아낸다.

### ■ 큐티클 오일 바르고 큐티클 밀기

① 큐티클 라인을 따라 큐티클 오일을 바른다.

② 푸셔를 연필을 쥐듯이 잡고 45° 각도를 유지하면서 큐티클을 안전하게 밀어준다.

큐티클 라인

| Checkpoint |

⚠ 푸셔의 각도는 중요한 심사 포인트가 되므로 유의하도록 한다.

• 손톱 표면에 스크래치가 나지 않도록 주의한다.

• 푸셔가 큐티클 라인 안쪽으로 들어가지 않도록 주의한다.

• 양쪽 코너 부분이 지저분해질 수 있으므로 꼼꼼하게 작업한다.

• 네일 그루브 사이의 거스러미도 꼼꼼하게 체크한다.

**Tip 푸셔 사용법**

약 45°로 조금씩 여러번 밀어준다. 날카로우므로 조심해서 다루어야 한다.

푸셔    약 45°

**3** 니퍼로 큐티클 정리하기

① 푸셔로 밀어준 큐티클과 각질을 니퍼를 사용하여 정리한다.
② 수험자의 왼손 엄지와 검지를 이용해 모델의 오른손 5지를 잡는다.
③ 수험자의 오른손으로 니퍼를 잡고 큐티클을 정리한다.
④ 4지, 3지, 2지, 1지 순서로 큐티클을 정리한다.

| Checkpoint |

• 니퍼는 삼각날이므로 앞날의 1/2 정도만 큐티클에 닿고 뒷날은 닿지 않게 조심한다.
• 삼각날을 큐티클 안쪽으로 넣고 수험자의 왼손 엄지로 큐티클 위쪽을 살짝 올려주어 작업을 수월하게 할 수 있도록 한다.
• 니퍼 작업을 하면서 손톱 표면에 스크래치를 내지 않도록 한다.

**Tip** 큐티클 정리하는 순서

큐티클은 한번에 깨끗하게 정리가 되지 않으므로 2~3회 반복한다.

| 감점요인 |

• 큐티클 정리 도중 출혈이 발생할 경우
→ 소독된 탈지면이나 거즈 등으로 출혈 부위를 소독한 후 멸균 거즈에 지혈제를 묻혀서 상처 부분을 눌러준다. 사용하고 난 멸균거즈는 바로 위생봉투에 버린다.

# 05 | 손 소독하기 및 유분기 제거하기

① 예민해진 큐티클 부분에 소독제를 뿌려준다.
② 화장솜에 리무버를 적신 뒤 손톱 표면의 유분기를 제거한다.

**유분기를 제거하는 이유**
손톱에 유분기가 있으면 폴리시가 잘 발리지 않는다.

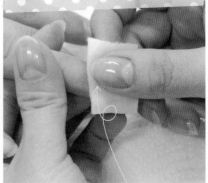

특히 큐티클 라인 쪽에 유분기가 남아 있지 않도록 꼼꼼하게 닦아준다.

【컬러링순서】

베이스코트 **1**회 → 레드 폴리시 **2**회 → 탑코트 **1**회

## 1 베이스코트 바르기

모델의 오른손 5지부터 1지까지 브러시를 45° 각도로 얇게 1회 발라준다.

## 2 폴리시 바르기

> **핵심 포인트**
> • 펄이 첨가되지 않은 순수 빨강색 네일 폴리시를 2회 도포한다.
> • 폴리시 도포 순서 : 중앙 → 좌 → 우 → 프리에지 단면
> • 5지, 4지, 3지, 2지, 1지의 순으로 작업한다.

폴리시 바르는 순서

1. 큐티클 1mm 정도 아래에서 시작하여 큐티클 쪽으로 살짝 올렸다가 프리에지 방향으로 쓸어내린다.(❶)
2. 곡선을 따라 자연스럽게 쓸어내린다.(❷)
3. ❶과 ❷의 겹치는 부분을 한 번 더 쓸어내려 준다.(❸)
4. ❷와 마찬가지로 곡선을 따라 자연스럽게 쓸어내린다.(❹)
5. ❶과 ❹의 겹치는 부분을 한 번 더 쓸어내려 준다.(❺)
6. 프리에지의 단면을 왼쪽에서 오른쪽으로 발라준다.(❻)
7. ❶~❺까지 끝난 뒤 ❶~❺까지 한 번 더 시술한다. 이때 ❻은 생략한다.

| Checkpoint |
• 라인을 균일하게 하고 색상이 울퉁불퉁 하지 않게 완성해야 한다.
• 큐티클 라인이 일정하게 유지될 수 있도록 한다.
• 손톱 주변에 폴리시가 묻지 않도록 주의한다.

| 감점요인 |
⚠ 프리에지 단면에 컬러를 도포하지 않았을 때

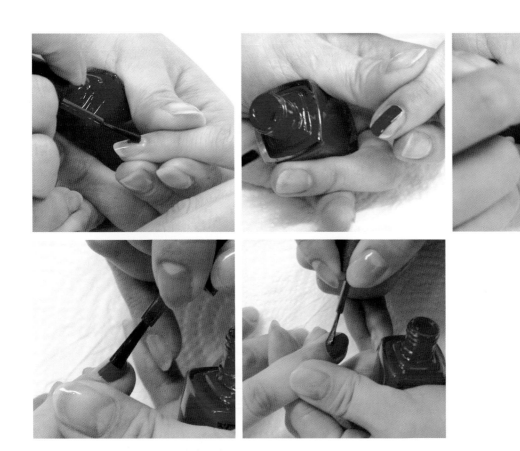

**Tip** **폴리시를 바르는 다른 방법**
그림처럼 ❶에서 ❻까지 왼쪽에서 오른쪽으로 폴리시가 겹치게 순서대로 도포한다. 그리고 프리에지 단면을 마지막에 도포한다.

**Tip** **폴리시의 양 조절**
브러시에 폴리시를 적신 후 병 입구에서 브러시를 쓸면서 폴리시의 양을 적당하게 조절한다.

③ **탑코트 바르기**

① 폴리시를 도포한 손톱 위에 광택을 주기 위해 탑코트를 1회 바른다.
② 폴리시가 묻어나지 않게 브러시를 45° 각도로 세워 매끄럽게 완성한다.

│ **감점요인** │
• 탑코트 도포 후 오일을 사용할 때

**Tip** 폴리시 바를 때의 바른 자세

① 수험자의 왼쪽 손바닥에 폴리시 병을 올려놓고 약지와 소지를 이용해 살짝 감싸 쥔다.
② 왼손 엄지와 검지로 모델의 손가락을 쥐는데, 검지로는 모델 손가락의 아랫부분을 받쳐주고 엄지로는 모델 손가락의 윗부분을 잡는다.
③ 이때 왼손 엄지는 모델의 큐티클 부분이 살짝 당겨 올라갈 수 있도록 살며시 위로 올려준다.
④ 왼손 중지 또는 소지로 오른쪽 소지를 받쳐주면서 컬러링 작업 시 지지대 역할을 한다.

▲ 중지로 받쳐주는 모습

▲ 소지로 받쳐주는 모습

## 07 | 마무리

사용한 재료와 도구는 모두 제자리에 정리하고 작업대 위를 깔끔하게 정리한다.

**미완성인 경우**
그 과제에 대해서는 0점 처리되므로 마지막 5분의 시간 배분에 특별히 신경을 쓰도록 한다. 탑코트까지 반드시 완성해야 한다.

# Fullcoat Red - finish works

**네일미용 위생서비스**

## 1 피부미용 작업장 위생관리

① 실내 적정 온도 유지
② 쾌적한 습도 조절
③ 환기 시스템 구축 : 네일 화장물 사용 시 발생되는 먼지와 이물질 제거
④ 네일샵의 청소상태, 네일도구 세척
※ 청소에 대한 감독자를 지정하여 점검표를 작성하면 도움이 된다.

## 2 네일샵 작업장 환경 최적화

① 청소 지침을 설정하여 규정에 따라 진행하며, 화학제품 및 소독제는 전문 설명서에 따른다.
② 청소에 대한 계획과 절차를 만들어 주기적으로 실시한다.
③ 소독제를 사용하여 청소할 경우는 반드시 소독 시간, 소독제 사용방법 등을 고려하여 청소를 실시하여야 한다.

## 3 네일샵의 안전관리

① 만일의 경우를 대비하여 응급처치용품을 구비하고 대책을 마련한다.
② 샵 내에서는 금연하고 음식물의 섭취를 피한다.
③ 냉난방기, 정수기 등은 정기적으로 위생 점검을 하고 필터는 일정주기로 교체한다.
④ 안전관리수칙을 설정하여 네일 서비스를 제공하는 직원이 숙지할 수 있게 한다.
※ 안전관리표를 작성하면 도움이 된다.

## 4 미용기구 소독

미용기구는 용도에 맞는 방법으로 소독하여야 한다.

① 멸균 : 아포를 포함한 모든 미생물, 세균을 사멸 또는 제거시킨 무균 상태
② 살균 : 생활력을 가지고 있는 미생물을 물리적 · 화학적 작용에 의해 단시간 내 없애는 것
③ 소독 : 전염이나 감염을 예방하기 위하여 병원균을 죽이는 것
④ 방부 : 부패나 발효를 방지하는 것
※ 위생점검표를 만들어 활용하면 도움이 된다.

## 5 네일미용사 위생관리

① 소독제품을 활용하여 소독
② 네일 미용사의 손 소독법
③ 고객의 위생관리를 위한 네일도구 및 네일샵의 청소 및 소독
④ 네일 미용사는 용모를 단정히 하고, 항상 깨끗하고 손과 손톱의 상태 등 모든 부분을 아름답게 유지
⑤ 개인위생관리수칙을 정하여 준수

# FRENCH
## WHITE

프렌치 화이트

Nail Technician Certification

30 min

# 개요

## 01 | 과제개요

| 셰이프(Shape) | 대상부위 | 배점 | 작업시간 |
|---|---|---|---|
| 라운드 | 오른손 1~5지 손톱 | 20점 | 30분 |

## 02 | 심사기준

| 구분 | 사전심사 | 시술순서 및 숙련도 | | | | 완성도 |
|---|---|---|---|---|---|---|
| | | 소독 | 파일링 & 셰이프 | 케어 | 컬러링 | |
| 배점 | 3 | 2 | 2 | 3 | 5 | 5 |

※세부 심사기준은 실제 채점방식과 다를 수 있으나 핵심 요구사항은 유사하므로 참고하시면 도움이 됩니다.

## 03 | 심사 포인트

### (1) 사전심사

【수험자 및 모델의 복장】
① 수험자와 모델이 규정에 맞는 복장을 하고 있는가?
② 수험자와 모델이 불필요한 액세서리 등을 착용하고 있지 않는가?
③ 모델의 손톱이 시험 규정에 어긋나지 않는가?

【테이블 세팅】
① 시술에 필요한 준비목록이 모두 구비되어 있는가?
② 과제에 불필요한 도구 및 재료가 세팅되어 있지 않는가?
③ 작업 테이블이 위생적으로 정리되어 있는가?
④ 위생이 필요한 도구는 소독용기에 담겨져 있는가?

### (2) 본심사

【시술 순서 및 숙련도】
① 시술 순서가 잘못되지 않았는가?
② 전체 과정을 얼마나 능숙하게 작업하였는가?

【소독】
① 수험자와 모델의 손을 적당한 방법으로 소독하였는가?
② 큐티클 정리 후 모델의 손을 적당한 방법으로 소독하였는가?

【파일링】
① 시술에 적당한 파일을 선택하였는가?
② 파일링 작업 시 한쪽 방향으로 작업하였는가?

③ 프리에지의 길이가 5mm 이내로 일정한가?

【셰이프】
① 손톱 모양이 라운드형인가?
② 손톱의 좌우 대칭이 맞는가?

【큐티클 정리】
① 푸셔와 니퍼 작업 시 안전한 자세로 작업하는가?
② 푸셔와 니퍼의 올바른 사용 방법을 알고 있는가?
③ 큐티클이 깔끔하게 정리되었는가?

【컬러링】
① 펄이 함유되지 않은 순수 흰색 네일 폴리시를 도포하였는가?
② 프리에지 단면까지 폴리시를 발랐는가?
③ 폴리시가 일정한 두께로 도포되었는가?
④ 브러시 자국이 남아있지 않은가?
⑤ 손톱 주변에 폴리시가 묻어있지 않은가?
⑥ 스마일라인이 선명하게 표현되었는가?
⑦ 스마일라인의 좌우 대칭이 완벽한가?
⑧ 라인의 깊이가 일정한가?

【완성도】
① 전체적인 완성도 체크
② 손톱 표면과 손톱 아래의 거스러미, 분진 먼지, 불필요한 오일이 묻어있지 않은가?
③ 작업 종료 후 정리정돈을 제대로 하였는가?

> 일러두기
> [사전심사]는 '풀코트 레드'와 동일하므로 자세한 설명은 '풀코드 레드'를 참조하세요.

# 본심사
Main evaluation

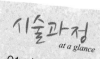
**일러두기**
기본 케어는 풀코트 레드와 동일하므로
상세 설명은 생략합니다.

## 01 | 소독 및 위생

## 02 | 폴리시 지우기

## 03 | 손톱모양 만들기

**1** 파일링

**2** 표면 정리 및 거스러미 제거하기

**3** 먼지 제거하기

## 04 | 큐티클 정리하기

**1** 핑거볼에 손가락 담그기

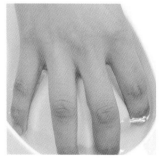 

**2** 큐티클 오일 바르고 큐티클 밀기

**3** 니퍼로 큐티클 정리하기

## 05 | 손 소독하기 및 유분기 제거하기

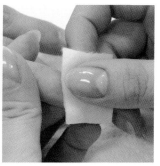

## 06 | 컬러링하기

【컬러링순서】

베이스코트 1회 → 화이트 폴리시 2회 → 탑코트 1회

### 1 베이스코트 바르기

모델의 오른손 5지부터 1지까지 브러시를 45° 각도로 얇게 1회 발라준다.

### 2 프렌치 라인 만들기

**핵심 포인트**
- 상하 넓이 : 3~5mm
- 도포 형태 : 완만한 스마일 라인
- 폴리시 도포 : 손톱의 옐로우 라인을 따라 도포, 양 끝이 서로 대칭
- 5지, 4지, 3지, 2지, 1지의 순으로 작업한다.

① 펄이 첨가되지 않은 순수 흰색 폴리시로 손톱의 옐로우 라인을 따라 스마일라인을 만든다.
② 프리에지의 단면에도 도포한다.
③ 스마일라인의 양 끝이 대칭을 이루어야 좋은 점수를 받을 수 있다.
④ 동일한 방법으로 1회 더 도포한다.

| Checkpoint |
- 라인을 균일하게 하고 색상이 울퉁불퉁 하지 않게 완성해야 한다.
- 큐티클 라인이 일정하게 유지될 수 있도록 한다.
- 손톱 주변에 폴리시가 묻지 않도록 주의한다.

| 감점요인 |
⚠ 프리에지 단면에 컬러를 도포하지 않았을 때

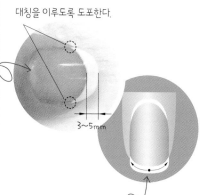

대칭을 이루도록 도포한다.

3~5mm

**Tip** 스마일 라인을 균일하게 하기

처음부터 스마일 라인으로 도포하기 어렵다면 중앙→우(좌)→좌(우)→프리에지 단면 순서로 두께를 가늠하며 도포한다.

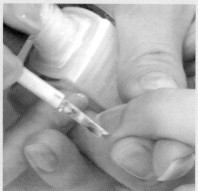
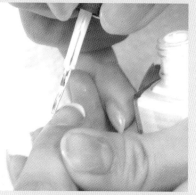

▲ 손톱 중앙에 적절한 두께로 도포한다.

▲ 손톱 오른쪽에 같은 폭으로 도포한다.

▲ 왼쪽에 마찬가지로 같은 폭으로 도포하며 전체적으로 중앙-오른쪽으로 동일한 폭으로 그려준다.

**Tip** 폴리시 제거하기

원하는 라인이 그려지지 않거나 손톱 주변에 묻은 폴리시를 제거할 때는 다음과 같이 한다.
• 엄지손가락에 멸균거즈를 감싸고 폴리시 리무버를 적신 후 제거한다.
• 화장솜을 오렌지 우드스틱에 말아 폴리시 리무버를 적신 후 제거한다.

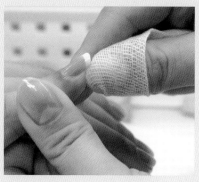

## 3 탑코트 바르기

① 폴리시를 도포한 손톱 위에 광택을 주기 위해 탑코트를 1회 바른다.

② 폴리시가 묻어나지 않게 브러시를 45° 각도로 세워 바른다.

**| 감점요인 |**
• 탑코트 도포 후 오일을 사용할 때

## 07 | 마무리

사용한 재료와 도구는 모두 제자리에 정리하고 작업대 위를 깔끔하게 정리한다.

**미완성인 경우**
그 과제에 대해서는 0점 처리되므로 마지막 5분의 시간 배분에 특별히 신경을 쓰도록 한다. 탑코트까지 반드시 완성해야 한다.

# DEEP
# FRENCH
# WHITE 딥 프렌치 화이트

The best choice for your's nails clean & innocent

Nail Technician Certification

30 min

# 개요

## 01 | 과제개요

| 셰이프(Shape) | 대상부위 | 배점 | 작업시간 |
|---|---|---|---|
| 라운드 | 오른손 1~5지 손톱 | 20점 | 30분 |

## 02 | 심사기준

| 구분 | 사전심사 | 시술순서 및 숙련도 | | | | 완성도 |
|---|---|---|---|---|---|---|
| | | 소독 | 파일링 & 셰이프 | 케어 | 컬러링 | |
| 배점 | 3 | 2 | 2 | 3 | 5 | 5 |

※세부 심사기준은 실제 채점방식과 다를 수 있으나 핵심 요구사항은 유사하므로 참고하시면 도움이 됩니다.

## 03 | 심사 포인트

### (1) 사전심사

【수험자 및 모델의 복장】

① 수험자와 모델이 규정에 맞는 복장을 하고 있는가?

② 수험자와 모델이 불필요한 액세서리 등을 착용하고 있지 않는가?

③ 모델의 손톱이 시험 규정에 어긋나지 않는가?

【테이블 세팅】

① 시술에 필요한 준비목록이 모두 구비되어 있는가?

② 과제에 불필요한 도구 및 재료가 세팅되어 있지 않는가?

③ 작업 테이블이 위생적으로 정리되어 있는가?

④ 위생이 필요한 도구는 소독용기에 담겨져 있는가?

### (2) 본심사

【시술 순서 및 숙련도】

① 시술 순서가 잘못되지 않았는가?

② 전체 과정을 얼마나 능숙하게 작업하였는가?

【소독】

① 수험자와 모델의 손을 적당한 방법으로 소독하였는가?

② 큐티클 정리 후 모델의 손을 적당한 방법으로 소독하였는가?

【파일링】

① 시술에 적당한 파일을 선택하였는가?

② 파일링 작업 시 한쪽 방향으로 작업하였는가?

③ 프리에지의 길이가 5mm 이내로 일정한가?

【셰이프】

① 손톱 모양이 라운드형인가?

② 손톱의 좌우 대칭이 맞는가?

【큐티클 정리】

① 푸셔와 니퍼 작업 시 안전한 자세로 작업하는가?

② 푸셔와 니퍼의 올바른 사용 방법을 알고 있는가?

③ 큐티클이 깔끔하게 정리되었는가?

【컬러링】

① 펄이 함유되지 않은 순수 흰색 네일 폴리시를 도포하였는가?

② 프리에지 단면까지 폴리시를 발랐는가?

③ 폴리시가 일정한 두께로 도포되었는가?

④ 브러시 자국이 남아있지 않는가?

⑤ 손톱 주변에 폴리시가 묻어있지 않는가?

⑥ 스마일라인이 선명하게 표현되었는가?

⑦ 스마일라인의 좌우 대칭이 완벽한가?

⑧ 라인의 깊이가 일정한가?

【완성도】

① 전체적인 완성도 체크

② 손톱 표면과 손톱 아래의 거스러미, 분진 먼지, 불필요한 오일이 묻어있지 않는가?

③ 작업 종료 후 정리정돈을 제대로 하였는가?

> **일러두기**
> [사전심사]는 '풀코트 레드'와 동일하므로 자세한 설명은 '풀코트 레드'를 참조하세요.

# 본심사
Main evaluation

**일러두기**
기본 케어는 풀코트 레드와 동일하므로
상세 설명은 생략합니다.

## 01 | 소 독 및 위 생

## 02 | 폴리시 지우기

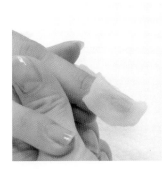   

## 03 | 손톱모양 만들기

### 1 파일링

### 2 표면 정리 및 거스러미 제거하기

### 3 먼지 제거하기

## 04 | 큐티클 정리하기

### 1 핑거볼에 손가락 담그기

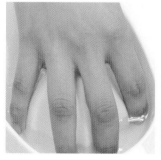

### 2 큐티클 오일 바르고 큐티클 밀기

### 3 니퍼로 큐티클 정리하기

## 05 | 손 소독하기 및 유분기 제거하기

## 06 | 컬러링하기

【컬러링순서】

베이스코트 **1**회 ➡ 화이트 폴리시 **2**회 ➡ 탑코트 **1**회

### 1 베이스코트 바르기

모델의 오른손 5지부터 1지까지 브러시를 45° 각도로 얇게 1회
발라준다.

### 2 딥 프렌치 라인 만들기

> **핵심 포인트**
> • 상하 넓이 : 전체 손톱의 1/2 이상 지점 ～ 루눌라를 침범하지 않는
>   부분까지
> • 도포 형태 : 완만한 스마일 라인, 양 끝이 서로 대칭
> • 5지, 4지, 3지, 2지, 1지의 순으로 작업한다.

① 펄이 첨가되지 않은 순수 흰색 폴리시로 손톱의 1/2 이상의
   지점에서 라운드 모양의 스마일라인을 만든다.
② 스마일라인을 시작점으로 해서 프리에지 방향으로 길게 쓸어
   내린다.
③ 프리에지 단면에 도포한다.
④ 동일한 방법으로 1회 더 도포한다.

| Checkpoint |
• 라인을 균일하게 하고 색상이 울퉁불퉁 하지 않
  게 완성해야 한다.
• 손톱 주변에 폴리시가 묻지 않도록 주의한다.

| 감점요인 |
⚠ 프리에지 단면에 컬러를 도포하지 않았을 때

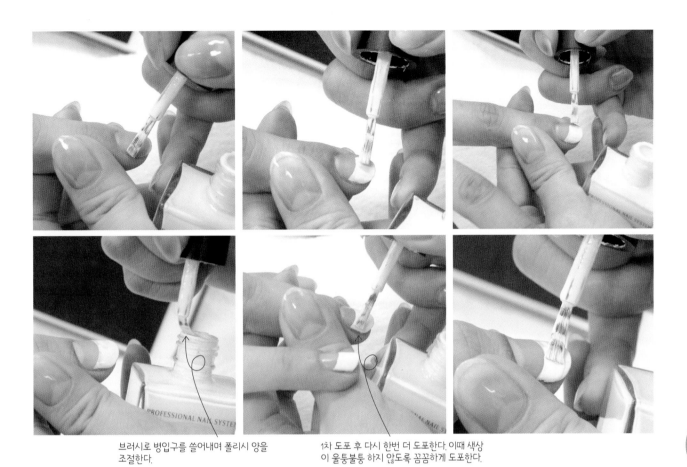

브러시로 병입구를 쓸어내며 폴리시 양을 조절한다.

1차 도포 후 다시 한번 더 도포한다. 이때 색상이 울퉁불퉁 하지 않도록 꼼꼼하게 도포한다.

**Tip** 스마일 라인으로 균일하게 바르기

프렌치 화이트와 마찬가지로 처음부터 스마일 라인으로 도포하기 어렵다면 중앙→우(좌)→좌(우)→프리에지 단면 순서로 두께를 가늠하며 도포한다.

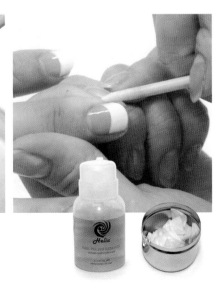

▲ 오렌지 우드스틱을 화장솜에 말아 폴리시 리무버에 적신 후 손톱 주변에 묻은 폴리시를 지워준다.

## 3 탑코트 바르기

① 폴리시를 도포한 손톱 위에 광택을 주기 위해 탑코트를 1회 바른다.
② 폴리시가 묻어나지 않게 브러시를 45° 각도로 세워 바른다.

| 감점요인 |
• 탑코트 도포 후 오일을 사용할 때

약 45°

## 07 | 마무리

사용한 재료와 도구는 모두 제자리에 정리하고 작업대 위를 깔끔하게 정리한다.

**미완성인 경우**
그 과제에 대해서는 0점 처리되므로 마지막 5분의 시간 배분에 특별히 신경을 쓰도록 한다. 탑코트까지 반드시 완성해야 한다.

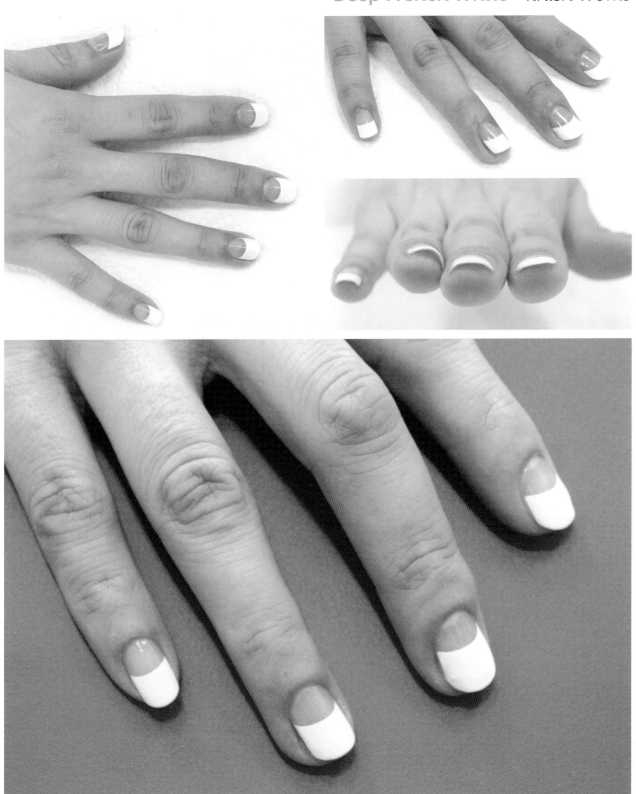

# GRADATION
## WHITE

그라데이션 화이트

30 min

# 개요

## 01 | 과제개요

| 셰이프(Shape) | 대상부위 | 배점 | 작업시간 |
|---|---|---|---|
| 라운드 | 오른손 1~5지 손톱 | 20점 | 30분 |

## 02 | 심사기준

| 구분 | 사전심사 | 시술순서 및 숙련도 | | | | 완성도 |
|---|---|---|---|---|---|---|
| | | 소독 | 파일링 & 셰이프 | 케어 | 그라데이션 | |
| 배점 | 3 | 2 | 2 | 3 | 5 | 5 |

※세부 심사기준은 실제 채점방식과 다를 수 있으나 핵심 요구사항은 유사하므로 참고하시면 도움이 됩니다.

## 03 | 심사 포인트

### (1) 사전심사

【수험자 및 모델의 복장】

① 수험자와 모델이 규정에 맞는 복장을 하고 있는가?

② 수험자와 모델이 불필요한 액세서리 등을 착용하고 있지 않는가?

③ 모델의 손톱이 시험 규정에 어긋나지 않는가?

【테이블 세팅】

① 시술에 필요한 준비목록이 모두 구비되어 있는가?

② 과제에 불필요한 도구 및 재료가 세팅되어 있지 않는가?

③ 작업 테이블이 위생적으로 정리되어 있는가?

④ 위생이 필요한 도구는 소독용기에 담겨져 있는가?

### (2) 본심사

【시술 순서 및 숙련도】

① 시술 순서가 잘못되지 않았는가?

② 전체 과정을 얼마나 능숙하게 작업하였는가?

【소독】

① 수험자와 모델의 손을 적당한 방법으로 소독하였는가?

② 큐티클 정리 후 모델의 손을 적당한 방법으로 소독하였는가?

【파일링】

① 시술에 적당한 파일을 선택하였는가?

② 파일링 작업 시 한쪽 방향으로 작업하였는가?

③ 프리에지의 길이가 5mm 이내로 일정한가?

【셰이프】

① 손톱 모양이 라운드형인가?

② 손톱의 좌우 대칭이 맞는가?

【큐티클 정리】

① 푸셔와 니퍼 작업 시 안전한 자세로 작업하는가?

② 푸셔와 니퍼의 올바른 사용 방법을 알고 있는가?

③ 큐티클이 깔끔하게 정리되었는가?

【그라데이션】

① 펄이 함유되지 않은 순수 흰색 네일 폴리시를 도포하였는가?

② 프리에지 단면까지 폴리시를 발랐는가?

③ 손톱 주변에 폴리시가 묻어있지 않는가?

④ 스펀지를 이용하여 그라데이션을 작업하였는가?

【완성도】

① 전체적인 완성도 체크

② 손톱 표면과 손톱 아래의 거스러미, 분진 먼지, 불필요한 오일이 묻어있지 않는가?

③ 작업 종료 후 정리정돈을 제대로 하였는가?

④ 그라데이션이 완벽하게 표현되었는가?

> **일러두기**
> [사전심사]는 '풀코트 레드'와 동일하므로 자세한 설명은 '풀코드 레드'를 참조하세요.

# 본심사
Main evaluation

**일러두기**
기본 케어는 풀코트 레드와 동일하므로 상세
설명은 생략합니다.

## 01 | 소 독 및 위 생

## 02 | 폴리시 지우기

 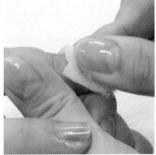  

# 03 | 손톱모양 만들기

### 1 파일링

### 2 표면 정리 및 거스러미 제거하기

### 3 먼지 제거하기

# 04 | 큐티클 정리하기

### 1 핑거볼에 손가락 담그기

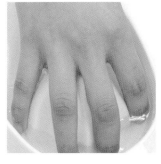 

### 2 큐티클 오일 바르고 큐티클 밀기

### 3 니퍼로 큐티클 정리하기

## 05 | 손 소독하기 및 유분기 제거하기

  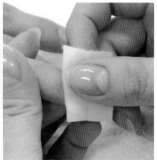

## 06 | 컬러링하기

【컬러링순서】

베이스코트 1회 → 화이트 폴리시 → 탑코트 1회

### 1 베이스코트 바르기

모델의 오른손 5지부터 1지까지 브러시를 45° 각도로 얇게 1회 발라준다.

### 2 그라데이션 만들기

**핵심 포인트**
- 상하 넓이 : 손톱 전체 길이의 1/2 이상 부분 ～ 루눌라를 침범하지 않는 범위
- 5지, 4지, 3지, 2지, 1지의 순으로 작업한다.

① 펄이 첨가되지 않은 순수 흰색 폴리시를 적당한 크기의 스펀지에 묻힌다.
② 폴리시를 묻힌 스펀지를 프리에지부터 시작해서 루눌라 방향으로 그라데이션이 되도록 가볍게 두드려준다.
③ 그라데이션은 손톱 전체 길이의 1/2 이상이어야 한다.

| Checkpoint |
- 루눌라 부분을 침범하지 않도록 주의한다.

④ 프리에지 단면까지 도포한다.
⑤ 손톱 주변에 묻은 폴리시는 오렌지 우드 스틱을 이용하여 지워준다.

| 감점요인 |

⚠ 프리에지 단면에 컬러를 도포하지 않았을 때

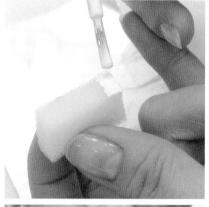
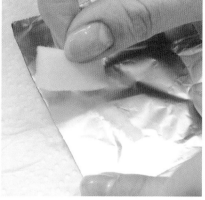

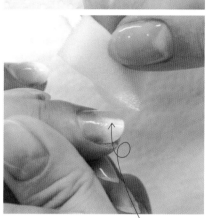

그라데이션이 잘 표현되도록
여러 번 반복한다.

▲ 오렌지 우드스틱을 화장솜에 말아 폴리시 리무버에 적신 후 손톱 주변에 묻은 폴리시를 지워준다.

## ③ 탑코트 바르기

① 폴리시를 도포한 손톱 위에 광택을 주기 위해 탑코트를 1회 바른다.
② 폴리시가 묻어나지 않게 브러시를 45° 각도로 세워 바른다.

| 감점요인 |
• 탑코트 도포 후 오일을 사용할 때

약 45°

## 07 | 마무리

사용한 재료와 도구는 모두 제자리에 정리하고 작업대 위를 깔끔하게 정리한다.

**미완성인 경우**
그 과제에 대해서는 0점 처리되므로 마지막 5분의 시간 배분에 특별히 신경을 쓰도록 한다. 탑코트까지 반드시 완성해야 한다.

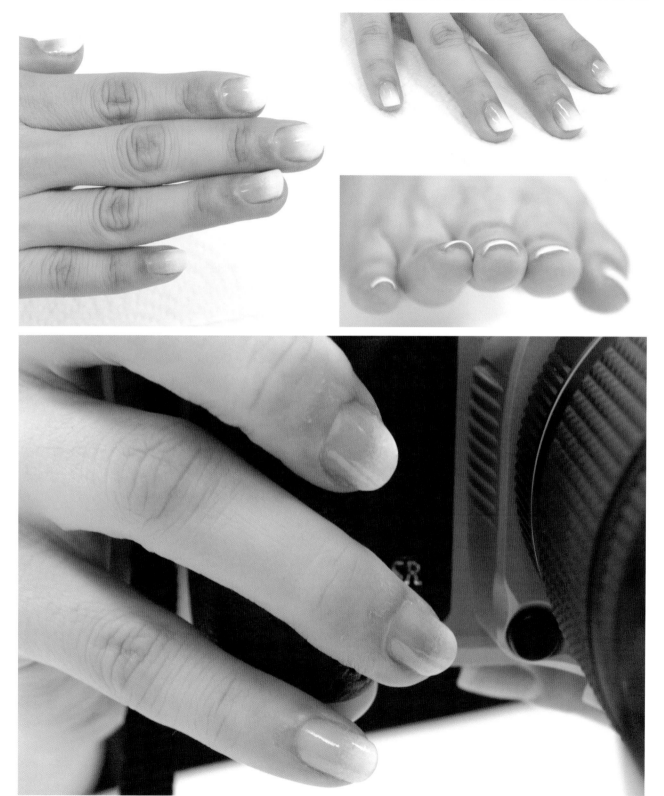

Chapter 02
# PEDICURE
페디큐어

# 01

# **FULL**COAT
# RED

풀코트 레드

30 min

# 개요

## 01 | 과제개요

| 셰이프(Shape) | 대상부위 | 배점 | 작업시간 |
|---|---|---|---|
| 스퀘어 | 오른발 1~5지 발톱 | 20점 | 30분 |

## 02 | 심사기준

| 구분 | 사전심사 | 시술순서 및 숙련도 | | | | 완성도 |
|---|---|---|---|---|---|---|
| | | 소독 | 파일링 & 셰이프 | 케어 | 컬러링 | |
| 배점 | 3 | 2 | 2 | 3 | 5 | 5 |

## 03 | 심사 포인트

【시술 순서 및 숙련도】
① 시술 순서가 잘못되지 않았는가?
② 전체 과정을 얼마나 능숙하게 작업하였는가?

【소독】
① 수험자의 손과 모델의 오른발을 적당한 방법으로 소독하였는가?
② 큐티클 정리 후 모델의 발을 적당한 방법으로 소독하였는가?

【파일링】
① 시술에 적당한 파일을 선택하였는가?
② 파일링 작업 시 문지르거나 비비지 않았는가?
③ 발톱의 길이가 피부의 선단을 넘지 않았는가?

【셰이프】
① 발톱 모양을 스퀘어형으로 조형하였는가?

【큐티클 정리】
① 푸셔와 니퍼 작업 시 안전한 자세로 작업하는가?
② 푸셔와 니퍼의 올바른 사용 방법을 알고 있는가?
③ 큐티클이 깔끔하게 정리되었는가?

【컬러링】
① 펄이 함유되지 않은 빨강색 네일 폴리시를 도포하였는가?
② 큐티클 라인이 균일하고 선명한가?
③ 프리에지 단면까지 폴리시를 발랐는가?
④ 폴리시가 일정한 두께로 도포되었는가?
⑤ 브러시 자국이 남아있지 않는가?
⑥ 발톱 주변에 폴리시가 묻어있지 않는가?

【완성도】
① 전체적인 완성도 체크
② 발톱 표면과 발톱 아래의 거스러미, 분진 먼지, 불필요한 오일이 묻어있지 않는가?
③ 작업 종료 후 정리정돈을 제대로 하였는가?

# 사전 심사
Pre-evaluation

## 01 | 수험자 및 모델의 복장

### (1) 수험자

① **상의** : 흰색 위생복(반팔 또는 긴팔 가운)

② **하의** : 긴바지(색상, 소재 무관)

③ **마스크**

• 일회용 위생복 사용 불가
• 위생복이 반팔인 경우 위생복 안에는 반팔 상의(색상 무관)를 입을 것

| 기타 주의사항 |
• 복장에 소속을 나타내거나 표식이 없을 것
• 눈에 보이는 표식(네일 컬러링, 디자인 등)이 없을 것
• 액세서리(반지, 시계, 팔찌, 발찌, 목걸이, 귀걸이 등) 착용 금지

### (2) 모델

① **상의** : 흰색 무지(소재 무관, 남방류, 니트류 허용, 유색 무늬 불가, 아이보리색 등의 유색 불가)

② **하의** : 긴바지(색상 무관)

③ **마스크**

④ **오른발 상태**

• 자연 발톱 상태일 것
• 보수 : 2개까지만 허용

• 바지 : 색상 등의 특별한 제한이 없으며, 위생 상태가 양호할 것
• 신발 : 종류 제한 없음

| 구분 | 오른발 |
|---|---|
| 셰이프 | 라운드 또는 스퀘어 오프형 |
| 컬러링 | • 펄이 함유되지 않은 빨강색 네일 폴리시 사전 도포<br>• 완전히 건조된 상태로 2회 이상 풀코트로 도포 |

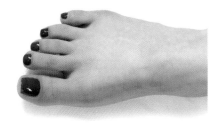

| 기타 주의사항 |
• 눈에 보이는 표식(네일 컬러링, 디자인 등)이 없을 것
• 액세서리(반지, 시계, 팔찌, 발찌, 목걸이, 귀걸이 등) 착용 금지

※ 신분증 반드시 지참할 것
※ 모델의 준비 상태가 적합하지 않을 경우 감점 또는 0점 처리

팔목받침대
40×80cm 내외의 크기로 준비할 것 (팔목받침대가 없으면 타월을 말아서 대체 가능)

필요한 도구와 재료를 바구니에 담아 세팅한다.

멸균거즈, 화장솜, 스펀지, 페이퍼 타월은 뚜껑이 있는 용기에 보관할 것

타월

작업대에 타월을 깔고, 그 위에 페이퍼 타월을 준비한다.

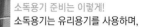

소독용기 준비는 이렇게!
소독용기는 유리용기를 사용하며, 멸균거즈를 바닥에 깔고 알코올 70%, 물 30%를 푸셔, 니퍼, 오렌지 우드스틱, 더스트 브러시가 충분히 잠길 수 있도록 준비한다.

· 핑거볼, 보온병, 분무기 등 부피가 큰 도구는 바구니 밖에 깔끔하게 세팅해도 된다.
· 핑거볼에 물을 미리 부어도 되지만 시술 도중 물을 쏟으면 감점을 받을 수 있으므로 사용 직전에 물을 부어 사용하도록 한다.

위생봉투(투명비닐)를 수험자의 오른쪽 작업대에 테이프를 사용하여 부착한다.

※시험 도중에는 도구나 재료를 꺼낼 수 없으므로 바구니에 모든 재료가 세팅되어 있는지 다시 한번 체크한다.

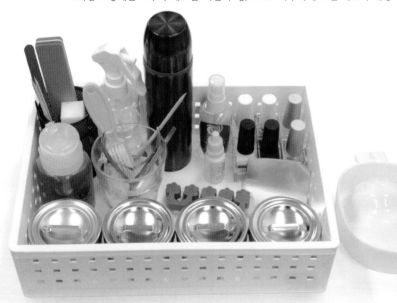

준비물 꼭 챙기세요!

01. 위생복
02. 마스크
03. 손목받침대
04. 타월
05. 페이퍼타월
06. 위생봉투
07. 스카치테이프
08. 바구니
09. 우드파일
10. 샌딩파일
11. 소독용기
12. 안티셉틱
13. 푸셔
14. 니퍼
15. 오렌지우드스틱
16. 더스트 브러시

17. 화장솜
18. 멸균거즈
19. 스펀지
20. 탑코트
21. 베이스코트
22. 레드 폴리시
23. 화이트 폴리시
24. 폴리시 리무버
25. 큐티클오일
26. 지혈제
27. 핑거볼
28. 보온병(미온수)
27. 분무기
28. 토우 세퍼레이터
29. 호일

작업대 세팅 시 감점요인
· 필요한 준비물이 모두 세팅되어 있지 않을 때
· 불필요한 도구 및 재료가 세팅되어 있을 때
· 테이블 위의 도구가 바닥에 떨어질 경우
· 핑거볼의 물이 테이블 위로 흘러넘칠 경우

# 본심사

Main evaluation

**페디큐어 시술 시 자세**
- 매니큐어 작업 종료 후 감독위원의 지시에 따라 모델은 작업대 위에 앉은 후 의자에 앉아있는 수험자의 무릎에 작업대상 발을 올리는 자세로 페디큐어 작업 실시
- 모델의 발을 지탱하기 위해 발판, 타월, 쿠션 등의 보조도구 사용 가능
- 모델의 발을 책상에 올리는 자세는 안 됨

## 01 | 소독 및 위생

### (1) 수험자의 손 소독하기

① 마른 멸균거즈에 안티셉틱을 3회 정도 뿌려 양손을 번갈아가며 손등, 손바닥, 손가락 사이를 꼼꼼히 닦아낸다.
② 사용한 멸균거즈는 위생봉투에 버린다.

### (2) 모델의 발 소독하기

① 마른 멸균거즈에 안티셉틱을 3회 정도 뿌려 오른발의 발등, 발바닥, 발가락 사이, 발톱을 꼼꼼히 닦아낸다.
② 사용한 멸균거즈는 위생봉투에 버린다.

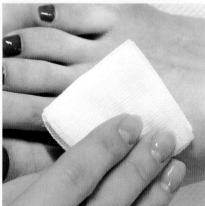

## 02 | 폴리시 지우기

**지우는 순서 : 5지 → 4지 → 3지 → 2지 → 1지**

① 화장솜에 리무버를 충분히 적신 후 모델의 발톱 위에 3초 정도 올려놓는다.

② 검지와 엄지를 사용하여 좌우로 흔들어주면서 앞으로 빼며 지워준다.

③ 큐티클 라인과 네일 그루브 사이에 낀 폴리시는 오렌지 우드스틱에 화장솜을 감아 폴리시 리무버를 묻혀 닦아낸다.

| 감점요인 |
• 발톱 주변 피부에 잔여물이 남아있을 때
• 오렌지 우드스틱 사용 후 버리지 않을 때
• 발톱 주변에 묻은 잔여물을 멸균거즈를 사용하지 않고 맨손톱으로 지울 때

⚠ 오렌지 우드스틱은 일회용이므로 사용 후 반드시 위생봉투에 버리도록 한다.

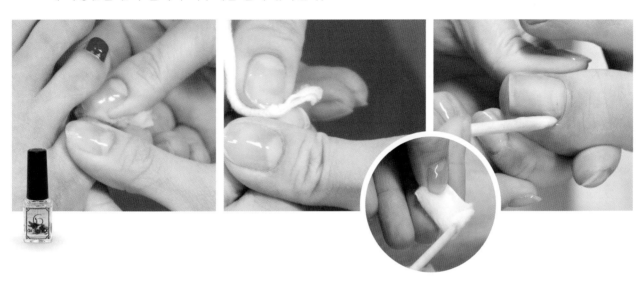

## 03 | 발톱모양 만들기

### 1 파일링

① 우드파일을 이용하여 모델의 오른발 5지부터 1지까지 발톱 모양을 스퀘어형으로 만든다.

② 발톱의 길이는 피부의 선단을 넘지 않도록 한다.

| Checkpoint |
• 프리에지 길이 : 피부의 선단을 넘지 않는 길이
• 발톱 모양 : 스퀘어형

| 감점요인 |
• 파일을 문지르거나 비벼서 사용할 때

**Tip 스퀘어형이란?**

• 스트레스 포인트에서부터 프리에지까지 직선이 존재할 것
• 발톱의 끝부분이 직선 형태(스퀘어)를 이룰 것
• 각이 있는 모서리가 존재하는 상태일 것

## 2 표면 정리 및 거스러미 제거하기

① 샌딩 파일을 발톱 표면에 라운드를 그리며 파일링을 한다.
② 샌딩 파일을 엄지와 소지로 양 끝을 잡고 원을 그리듯 발톱 표면을 부드럽게 파일링한다.
③ 파일링이 끝난 뒤 생기는 거스러미는 샌딩 파일을 이용하여 제거한다.
④ 완성된 발톱이 전체적으로 잘되었는지 확인한다.

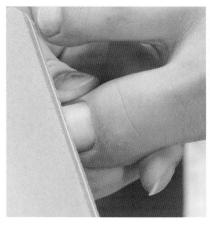  

## 3 먼지 제거하기

① 소독용기에 담긴 더스트 브러시를 꺼낸 뒤 마른 멸균거즈를 이용하여 물기를 제거한다.
② 물기가 제거된 더스트 브러시로 발톱 및 발톱 주변의 먼지를 제거한다.

| Checkpoint |
• 소독용기에서 꺼낸 더스트 브러시는 멸균거즈로 물기를 닦아낸 뒤 사용한다.
• 사용 후 다시 소독용기에 담글 필요는 없지만 출혈이 있는 부위에 사용했을 경우에는 다시 소독용기에 넣은 후 다시 사용하도록 한다.

# 04 | 큐티클 정리하기

## 1 분무기 분사 및 큐티클에 오일 바르기

① 미온수가 담긴 분무기를 모델의 오른발 큐티클 부분에 분사한다.
② 마른 멸균거즈를 이용해 발의 물기를 제거한다.
③ 5지부터 1지까지 큐티클 라인을 따라 큐티클 오일을 바른다.

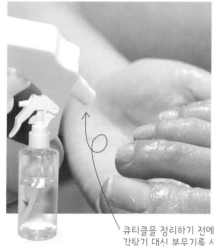  

큐티클을 정리하기 전에
각탕기 대신 분무기를 사용한다.

## 2 큐티클 밀기

① 푸셔를 연필을 쥐듯이 잡고 45° 각도를 유지하면서 큐티클을 안전하게
밀어준다.

| Checkpoint |

⚠ 푸셔의 각도는 중요한 심사 포인트가 되므로
유의하도록 한다.
• 발톱 표면에 스크래치가 나지 않도록 주의한다.
• 푸셔가 큐티클 라인 안쪽으로 들어가지 않도록
주의한다.
• 양쪽 코너 부분이 지저분해질 수 있으므로 꼼꼼
하게 작업한다.
• 네일 그루브 사이의 거스러미도 꼼꼼하게 체크
한다.

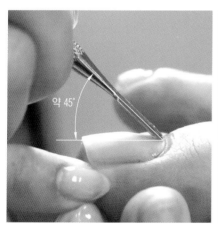 

약 45°

**3** 니퍼로 큐티클 정리하기

① 푸셔로 밀어준 큐티클과 각질을 니퍼를 사용하여 정리한다.
② 수험자의 왼손 엄지와 검지를 이용해 모델의 오른발 5지를 잡는다.
③ 수험자의 오른손으로 니퍼를 잡고 큐티클을 정리한다.
④ 4지, 3지, 2지, 1지의 순서로 큐티클을 정리한다.

| Checkpoint |

• 니퍼는 삼각날이므로 앞날의 1/2 정도만 큐티클에 닿고 뒷날은 닿지 않게 조심한다.
• 삼각날을 큐티클 안쪽으로 넣고 수험자의 왼손 엄지로 큐티클 위쪽을 살짝 올려주어 작업을 수월하게 할 수 있도록 한다.
• 니퍼 작업을 하면서 발톱 표면에 스크래치를 내지 않도록 한다.

| 감점요인 |

• 큐티클 정리 도중 출혈이 발생할 경우
  → 소독된 탈지면이나 거즈 등으로 출혈 부위를 소독한 후 멸균 거즈에 지혈제를 묻혀서 상처 부분을 눌러준다. 사용하고 난 멸균 거즈는 바로 위생봉투에 버린다.

큐티클을 정리하는 순서는 매니큐어를 참고한다.

## 05 | 발 소독하기 및 유분기 제거하기

① 예민해진 큐티클 부분에 소독제를 뿌려준다.
② 화장솜에 리무버를 적신 뒤 발톱 표면의 유분기를 제거한다.

**유분기를 제거하는 이유**
발톱에 유분기가 있으면 폴리시가 잘 발리지 않는다.

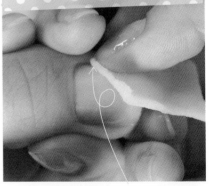

특히 큐티클 라인 쪽에 유분기가 남아있지 않도록 꼼꼼하게 닦아준다.

【컬러링순서】

베이스코트 **1**회 → 레드 폴리시 **2**회 → 탑코트 **1**회

**1** 토우 세퍼레이터 끼우기

컬러링 작업을 쉽게 하기 위해 토우 세퍼레이터를 발가락 사이에 끼워준다.

**2** 베이스코트 바르기

모델의 오른발 5지부터 1지까지 브러시를 45° 각도로 얇게 1회 발라준다.

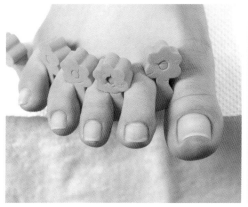

▲ 토우 세퍼레이터를 끼우는 이유는 발가락은 쉽게 벌어지지 않아 컬러링 시 다른 발가락에 쉽게 묻혀 번지게 된다.

▲ 베이스코트를 바르는 이유는 발톱 위에 폴리시를 바로 바를 경우 발톱이 착색되는 것을 막아주며, 폴리시의 발색을 도와준다.

**3** 폴리시 바르기

**핵심 포인트**
- 펄이 첨가되지 않은 순수 빨강색 네일 폴리시를 2회 도포한다.
- 모델의 오른발 5지부터 1지까지 브러시를 45° 각도로 해서 빨강색 폴리시를 발라준다.
- 폴리시 도포 순서 : 중앙 → 좌 → 우 → 프리에지 단면
- 5지, 4지, 3지, 2지, 1지의 순으로 2회 도포한다.

| Checkpoint |
- 라인을 균일하게 하고 색상이 울퉁불퉁 하지 않게 완성해야 한다.
- 큐티클 라인이 일정하게 유지될 수 있도록 한다.
- 발톱 주변에 폴리시가 묻지 않도록 주의한다.

| 감점요인 |
⚠ 프리에지 단면에 컬러를 도포하지 않았을 때

폴리시 바르는 순서

손톱의 풀코트와 동일한 방법으로 ❶~❻까지 끝난 뒤 ❶~❺까지 한 번 더 행한다. 이때 프리에지 도포(❻)는
생략한다.

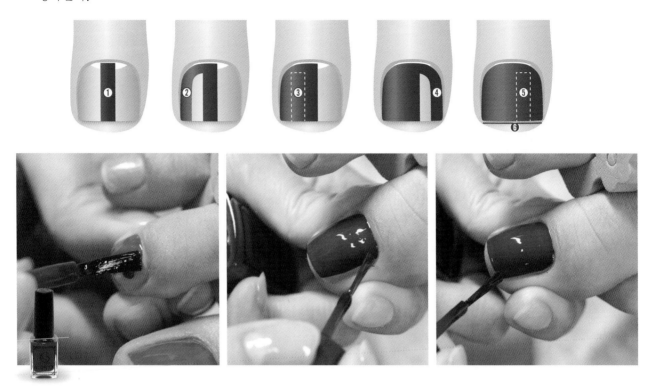

### 4 탑코트 바르기

① 폴리시를 도포한 발톱 위에 광택을 주기 위해 탑코트를 1회 바른다.
② 폴리시가 묻어나지 않게 브러시를 45° 각도로 세워 매끄럽게 완성한다.

| 감점요인 |
• 탑코트 도포 후 오일을 사용할 때

## 07 | 마무리

사용한 재료와 도구는 모두 제자리에 정리하고 작업대 위를 깔끔하
게 정리한다.

**미완성인 경우**
그 과제에 대해서는 0점 처리되므로 마지막 5분의
시간 배분에 특별히 신경을 쓰도록 한다. 탑코트까
지 반드시 완성하도록 한다.

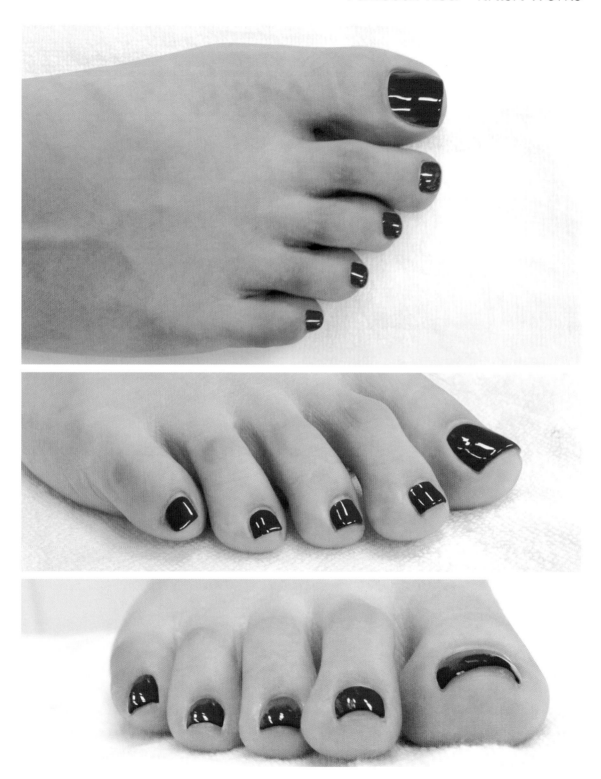

02

# DEEP
# FRENCH
# WHITE

딥프렌치 화이트

Nail Technician Certification

30
min

# 개요

## 01 | 과제개요

| 셰이프(Shape) | 대상부위 | 배점 | 작업시간 |
| --- | --- | --- | --- |
| 스퀘어 | 오른발 1~5지 발톱 | 20점 | 30분 |

## 02 | 심사기준

| 구분 | 사전심사 | 시술순서 및 숙련도 | | | | 완성도 |
| --- | --- | --- | --- | --- | --- | --- |
| | | 소독 | 파일링 & 셰이프 | 케어 | 컬러링 | |
| 배점 | 3 | 2 | 2 | 3 | 5 | 5 |

## 03 | 심사 포인트

【시술 순서 및 숙련도】
① 시술 순서가 잘못되지 않았는가?
② 전체 과정을 얼마나 능숙하게 작업하였는가?

【소독】
① 수험자의 손과 모델의 오른발을 적당한 방법으로 소독하였는가?
② 큐티클 정리 후 모델의 발을 적당한 방법으로 소독하였는가?

【파일링】
① 시술에 적당한 파일을 선택하였는가?
② 파일링 작업 시 문지르거나 비비지 않았는가?
③ 발톱의 길이가 피부의 선단을 넘지 않았는가?

【셰이프】
① 발톱 모양을 스퀘어형으로 조형하였는가?

【큐티클 정리】
① 푸셔와 니퍼 작업 시 안전한 자세로 작업하는가?
② 푸셔와 니퍼의 올바른 사용 방법을 알고 있는가?
③ 큐티클이 깔끔하게 정리되었는가?

【컬러링】
① 펄이 함유되지 않은 흰색 네일 폴리시를 도포하였는가?
② 프리에지 단면까지 폴리시를 발랐는가?
③ 딥 프렌치 라인이 발톱 전체 길이의 1/2 이상이며, 루눌라 부분을 침범하지 않았는가?
④ 폴리시가 일정한 두께로 도포되었는가?
⑤ 브러시 자국이 남아있지 않은가?
⑥ 발톱 주변에 폴리시가 묻어있지 않은가?
⑦ 스마일라인이 선명하게 표현되었는가?
⑧ 스마일라인의 좌우 대칭이 완벽한가?
⑨ 라인의 깊이가 일정한가?

【완성도】
① 전체적인 완성도 체크
② 발톱 표면과 발톱 아래의 거스러미, 분진 먼지, 불필요한 오일이 묻어있지 않은가?
③ 작업 종료 후 정리정돈을 제대로 하였는가?

**일러두기**
[사전심사]는 '풀코트 레드'와 동일하므로 자세한 설명은 '풀코드 레드'를 참조하세요.

# 본심사

Main evaluation

**일러두기**
기본 케어는 풀코트 레드와 동일하므로
상세 설명은 생략합니다.

## 01 | 소독 및 위생

## 02 | 폴리시 지우기

## 03 | 발톱모양 만들기

### 1 파일링

### 2 표면 정리 및 거스러미 제거하기

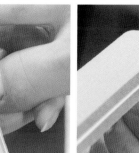

### 3 먼지 제거하기

## 04 | 큐티클 정리하기

### 1 분무기 분사하기

### 2 큐티클에 오일 바르기

### 3 푸셔로 큐티클 밀기

### 4 니퍼로 큐티클 정리하기

## 05 | 발 소독하기 및 유분기 제거하기

  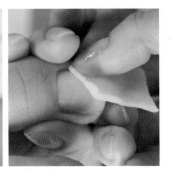

## 06 | 컬러링하기

【컬러링순서】

베이스코트 1회 → 화이트 폴리시 2회 → 탑코트 1회

**1 토우 세퍼레이터 끼우기**

컬러링 작업을 쉽게 하기 위해 토우 세퍼레이터를 발가락 사이에 끼워준다.

**2 베이스코트 바르기**

모델의 오른발 5지부터 1지까지 브러시를 45° 각도로 얇게 1회 발라준다.

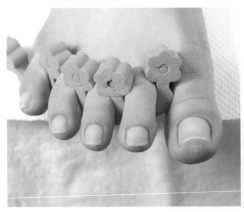  

## 3 폴리시 바르기(딥프렌치 라인 만들기)

**핵심 포인트**
- 상하 넓이 : 전체 발톱의 1/2 이상 지점 ~ 루눌라를 침범하지 않는 부분까지
- 도포 형태 : 완만한 스마일 라인
- 5지, 4지, 3지, 2지, 1지의 순으로 작업한다.

| Checkpoint |
- 루눌라 부분을 침범하지 않도록 주의한다.
- 라인을 균일하게 하고 색상이 울퉁불퉁 하지 않게 완성해야 한다.
- 스마일라인의 양 끝이 대칭을 이루도록 한다.
- 발톱 주변에 폴리시가 묻지 않도록 주의한다.

| 감점요인 |
⚠ 프리에지 단면에 컬러를 도포하지 않았을 때

① 펄이 첨가되지 않은 순수 흰색 폴리시로 발톱의 1/2 이상의 지점에서 라운드 모양의 스마일라인을 만든다.
② 스마일라인을 시작점으로 해서 프리에지 방향으로 길게 쓸어내린다.
③ 프리에지 단면에도 폴리시를 발라준다.
④ ①~②를 한 번 더 반복한다.

1차 도포 후 다시 한번 더 도포한다. 이때 색상이
울퉁불퉁 하지 않도록 꼼꼼하게 칠해준다.

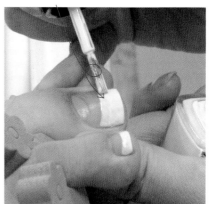

⑤ 오렌지 우드스틱에 화장솜을 말아 리무버를 적신 뒤 발톱 주변에 묻은 폴리시를 제거해준다.

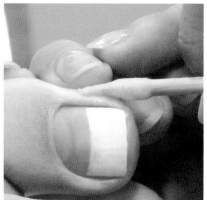

① 폴리시를 도포한 발톱 위에 광택을 주기 위해 탑코트를 1회 바른다.
② 폴리시가 묻어나지 않게 브러시를 45° 각도로 세워 바른다.

| 감점요인 |
• 탑코트 도포 후 오일을 사용할 때

약 45°

## 07 | 마무리

사용한 재료와 도구는 모두 제자리에 정리하고 작업대 위를 깔끔하게 정리한다.

**미완성인 경우**
그 과제에 대해서는 0점 처리되므로 마지막 5분의 시간 배분에 특별히 신경을 쓰도록 한다. 탑코트까지 반드시 완성해야 한다.

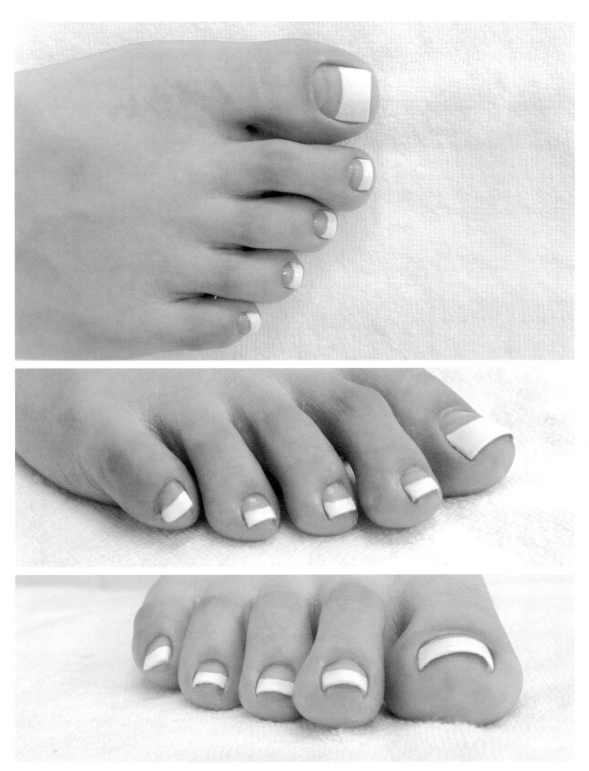

# GRADATION
# WHITE

그라데이션 화이트

*Nail Technician Certification*

30 min

# 개요

## 01 | 과제개요

| 셰이프(Shape) | 대상부위 | 배점 | 작업시간 |
|---|---|---|---|
| 스퀘어 | 오른발 1~5지 발톱 | 20점 | 30분 |

## 02 | 심사기준

| 구분 | 사전심사 | 시술순서 및 숙련도 | | | | 완성도 |
|---|---|---|---|---|---|---|
| | | 소독 | 파일링 & 셰이프 | 케어 | 그라데이션 | |
| 배점 | 3 | 2 | 2 | 3 | 5 | 5 |

## 03 | 심사 포인트

【시술 순서 및 숙련도】
① 시술 순서가 잘못되지 않았는가?
② 전체 과정을 얼마나 능숙하게 작업하였는가?

【소독】
① 수험자의 손과 모델의 오른발을 적당한 방법으로 소독하였는가?
② 큐티클 정리 후 모델의 발을 적당한 방법으로 소독하였는가?

【파일링】
① 시술에 적당한 파일을 선택하였는가?
② 파일링 작업 시 문지르거나 비비지 않았는가?
③ 발톱의 길이가 피부의 선단을 넘지 않았는가?

【셰이프】
① 발톱 모양을 스퀘어형으로 조형하였는가?

【큐티클 정리】
① 푸셔와 니퍼 작업 시 안전한 자세로 작업하는가?
② 푸셔와 니퍼의 올바른 사용 방법을 알고 있는가?
③ 큐티클이 깔끔하게 정리되었는가?

【그라데이션】
① 펄이 함유되지 않은 순수 흰색 네일 폴리시를 도포하였는가?
② 프리에지 단면까지 폴리시를 발랐는가?
③ 발톱 주변에 폴리시가 묻어있지 않는가?
④ 스펀지를 이용하여 그라데이션 작업을 하였는가?

【완성도】
① 전체적인 완성도 체크
② 발톱 표면과 발톱 아래의 거스러미, 분진 먼지, 불필요한 오일이 묻어있지 않는가?
③ 그라데이션이 완벽하게 표현되었는가?
④ 작업 종료 후 정리정돈을 제대로 하였는가?

**일러두기**
[사전심사]는 '풀코트 레드'와 동일하므로 자세한 설명은 '풀코드 레드'를 참조하세요.

# 본심사
Main evaluation

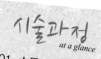

**일러두기**
기본 케어는 풀코트 레드와 동일하므로 상세
설명은 생략합니다.

## 01 | 소독 및 위생

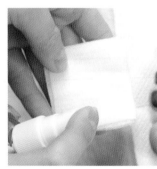   

## 02 | 폴리시 지우기

## 03 | 발톱모양 만들기

### 1 파일링

### 2 표면 정리 및 거스러미 제거하기

### 3 먼지 제거하기

## 04 | 큐티클 정리하기

### 1 분무기 분사하기

### 2 큐티클에 오일 바르기

### 3 푸셔로 큐티클 밀기

### 4 니퍼로 큐티클 정리하기

## 05 | 발 소독하기 및 유분기 제거하기

## 06 | 컬러링하기

【컬러링순서】

베이스코트 **1**회 → 화이트 폴리시 → 탑코트 **1**회

### 1 토우 세퍼레이터 끼우기

컬러링 작업을 쉽게 하기 위해 토우 세퍼레이터를 발가락 사이에 끼워준다.

### 2 베이스코트 바르기

모델의 오른발 5지부터 1지까지 브러시를 45° 각도로 얇게 1회 발라준다.

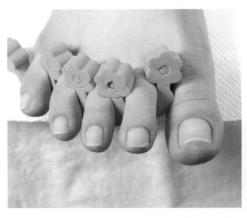  

**3** 그라데이션

① 펄이 첨가되지 않은 순수 흰색 폴리시를 적당한 크기의 스펀지에 묻힌다.

② 폴리시를 묻힌 스펀지를 호일에 살짝 두드리면서 스펀지에 스며들게 한다.

③ 프리에지에서 시작하여 발톱 전체 길이의 1/2 지점까지 점점 연하게 표현한다.

④ 스펀지로 반복적으로 가볍게 두드려주면서 그라데이션 효과가 잘 나올 수 있도록 한다. 1지~5지까지 도포 후 다시 그라데이션 효과를 더욱 살리며 반복한다.

⑤ 프리에지 단면까지 도포한다.

⑥ 발톱 주변에 묻은 폴리시는 멸균거즈나 오렌지 우드스틱을 이용하여 지워준다.

| Checkpoint |
• 루눌라 부분을 침범하지 않도록 주의한다.
• 색이 뭉치지 않고 그라데이션이 잘 표현될 수 있도록 한다.

| 감점요인 |
⚠ 프리에지 단면에 컬러를 도포하지 않았을 때

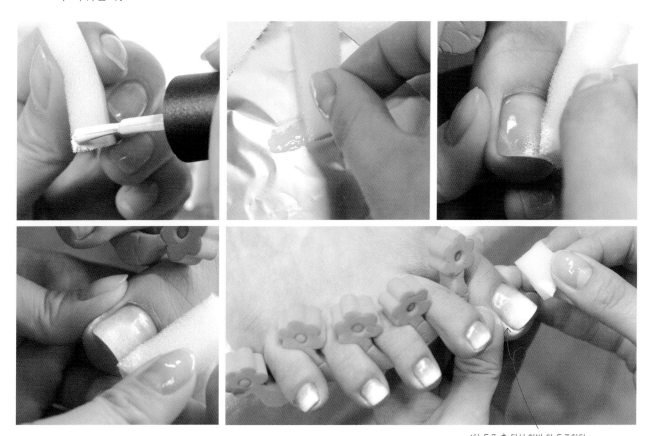

1차 도포 후 다시 한번 더 도포한다.

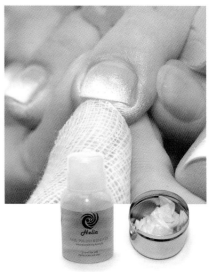

▲ 그라데이션 과제는 발톱 주변에 폴리시가 쉽게 묻으므로 화장솜을 말은 우드스틱이나 멸균거즈를 폴리시 리무버로 적신 후 닦아준다.

### 4 탑코트 바르기

① 폴리시를 도포한 발톱 위에 광택을 주기 위해 탑코트를 1회 바른다.
② 폴리시가 묻어나지 않게 브러시를 45° 각도로 세워 바른다.

| 감점요인 |
• 탑코트 도포 후 오일을 사용할 때

약 45°

## 07 | 마무리

사용한 재료와 도구는 모두 제자리에 정리하고 작업대 위를 깔끔하게 정리한다.

**미완성인 경우**
그 과제에 대해서는 0점 처리되므로 마지막 5분의 시간 배분에 특별히 신경을 쓰도록 한다. 탑코트까지 반드시 완성해야 한다.

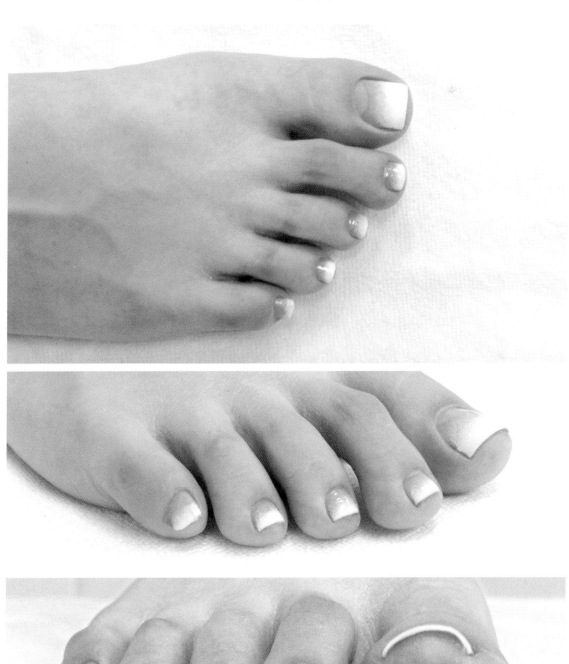

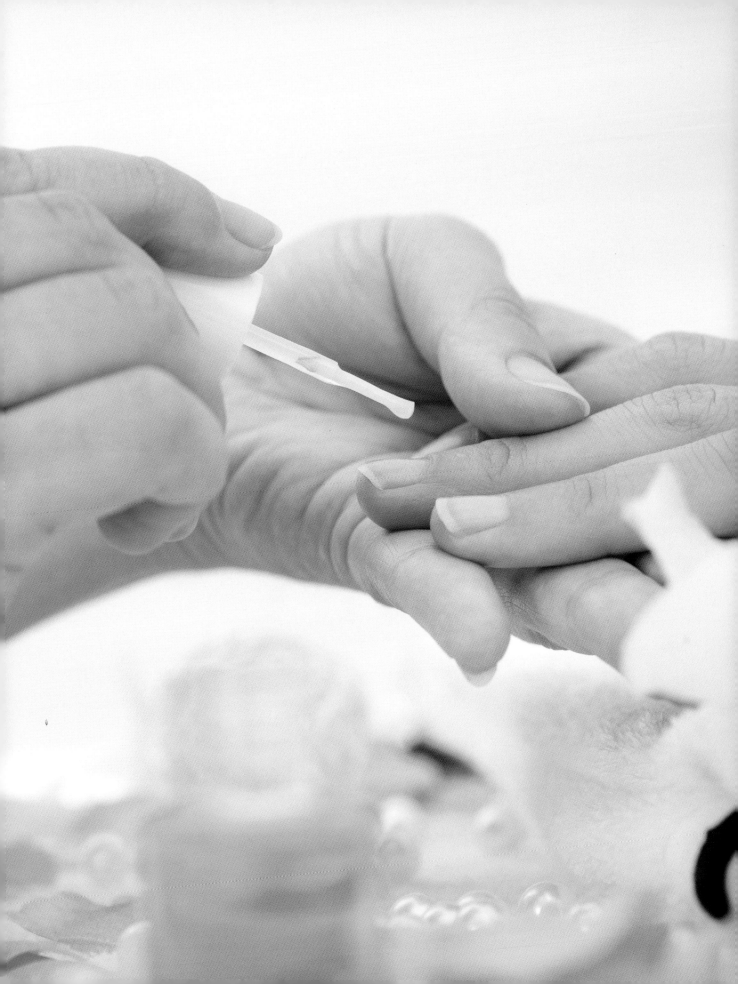

# GEL Chapter 03
## MANICURE
젤 매니큐어

1. 선 마블링
2. 부채꼴 마블링

# Course Preview

**과제 02** **젤 매니큐어** | 젤 매니큐어에서 2과제 중 1과제가 공개됩니다.
아래 표는 젤 매니큐어의 과제별 주요 과정을 비교 · 정리한 것이므로 충분히 숙지하시기 바랍니다.

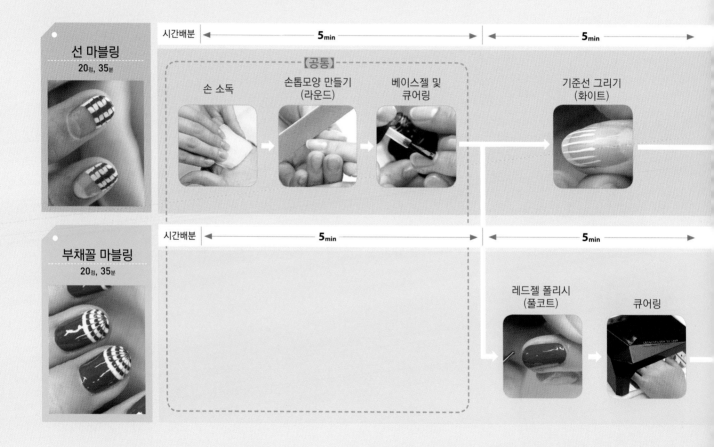

**선 마블링**
20점, 35분

시간배분 ←————— 5min —————→ ←——— 5min ———→

【공통】

손 소독 → 손톱모양 만들기 (라운드) → 베이스젤 및 큐어링

기준선 그리기 (화이트)

**부채꼴 마블링**
20점, 35분

시간배분 ←————— 5min —————→ ←——— 5min ———→

레드젤 폴리시 (풀코트) → 큐어링

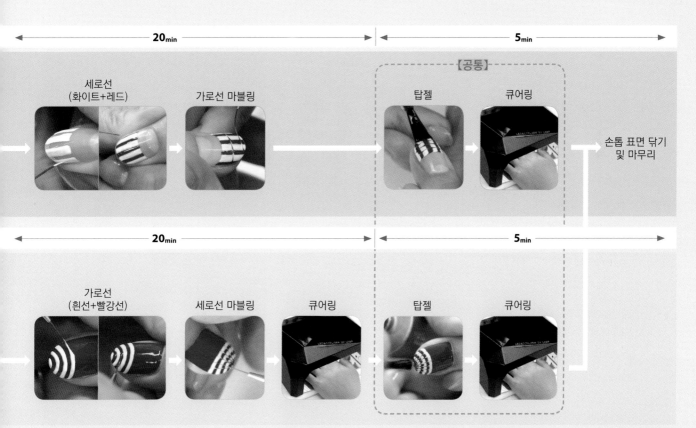

20min

5min

【공통】

세로선
(화이트+레드)

가로선 마블링

탑젤

큐어링

손톱 표면 닦기
및 마무리

20min

5min

가로선
(흰선+빨강선)

세로선 마블링

큐어링

탑젤

큐어링

※시간배분은 개략적인 수치이며, 숙련도 및 개인마다 차이가 있으므로 참고만 하시기 바랍니다.

# LINE
# MARBLING

선 마블링

35 min

# 개요

## 01 | 과제개요

| 셰이프(Shape) | 대상부위 | 배점 | 작업시간 |
|---|---|---|---|
| 라운드 | 왼손 1~5지 손톱 | 20점 | 35분 |

## 02 | 심사기준

| 구분 | 사전심사 | 시술순서 및 숙련도 | | | 완성도 |
|---|---|---|---|---|---|
| | | 소독 | 파일링 & 셰이프 | 컬러링 | |
| 배점 | 3 | 3 | 4 | 5 | 5 |

## 03 | 심사 포인트

### (1) 사전심사

【수험자 및 모델의 복장】
① 수험자와 모델이 규정에 맞는 복장을 하고 있는가?
② 수험자와 모델이 불필요한 액세서리 등을 착용하고 있지 않은가?
③ 모델의 손톱이 시험 규정에 어긋나지 않는가?

【테이블 세팅】
① 시술에 필요한 준비목록이 모두 구비되어 있는가?
② 작업 테이블이 깔끔하게 정리되어 있는가?
③ 위생이 필요한 도구는 소독용기에 담겨져 있는가?

### (2) 본심사

【시술 순서 및 숙련도】
① 시술 순서가 잘못되지 않았는가?
② 전체 과정을 얼마나 능숙하게 작업하였는가?

【소독】
① 수험자와 모델의 손을 적당한 방법으로 소독하였는가?

【파일링】
① 시술에 적당한 파일을 선택하였는가?
② 파일링 작업 시 한쪽 방향으로 작업하였는가?
③ 프리에지의 길이가 5mm 이내로 일정한가?

【셰이프】
① 손톱 모양이 라운드형인가?
② 손톱의 좌우 대칭이 맞는가?

【컬러링】
① 총 8개의 교차된 세로선을 일정한 간격으로 균일하게 작업하였는가?
② 마블링을 표현하는 5줄의 가로선이 좌·우측 방향으로 번갈아가며 명료하게 작업되었는가?
③ 개별 손톱 내에서 각 선의 간격이 균일한가?
④ 프리에지 단면의 앞 선까지 컬러가 도포되었는가?

【완성도】
① 전체적인 완성도 체크
② 손톱 표면과 손톱 아래의 거스러미, 분진 먼지, 불필요한 오일이 묻어있지 않는가?
③ 미경화젤이 남아있지 않은가?
④ 작업 종료 후 정리정돈을 제대로 하였는가?

# 사전 심사
Pre-evaluation

## 01 | 수험자 및 모델의 복장

### (1) 수험자
① 상의 : 흰색 위생복(반팔 또는 긴팔 가운)
② 하의 : 긴바지(색상, 소재 무관)
③ 마스크

| 기타 주의사항 |
• 복장에 소속을 나타내거나 표식이 없을 것
• 눈에 보이는 표식(네일 컬러링, 디자인 등)이 없을 것
• 액세서리(반지, 시계, 팔찌, 발찌, 목걸이, 귀걸이 등) 착용 금지

### (2) 모델
① 상의 : 흰색 무지(소재 무관, 남방류, 니트류 허용, 유색 무늬 불가, 아이보리색 등의 유색 불가)
② 하의 : 긴바지(색상 무관)
③ 마스크
④ 왼손 손톱 상태
   • 자연 손톱 상태일 것
   • 보수 : 2개까지만 허용
   • 2과제 젤 매니큐어는 습식케어가 생략되므로 모델의 왼손은
     큐티클 정리 등의 사전 준비작업이 미리 되어 있어야 한다.

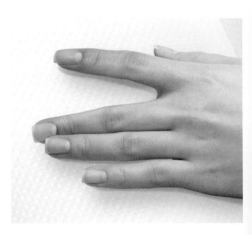

| 구분 | 왼손 |
|------|------|
| 셰이프 | 스퀘어 또는 오프스퀘어 |
| 케어 | 큐티클 정리 등의 사전준비 미리 작업 |
| 컬러링 | 자연 상태 |

| 기타 주의사항 |
• 눈에 보이는 표식(네일 컬러링, 디자인 등)이 없을 것
• 액세서리(반지, 시계, 팔찌, 발찌, 목걸이, 귀걸이 등) 착용 금지

※ 신분증 반드시 지참할 것
※ 모델의 준비 상태가 적합하지 않을 경우 감점 또는 0점 처리

젤램프

팔목받침대
40×80cm 내외의 크기로 준비할 것
(팔목받침대가 없으면 타월을 말아
서 대체 가능)

타월

작업대에 타월을 깔고,
그 위에 페이퍼 타월을
준비한다.

필요한 도구와 재료를
바구니에 담아 세팅한다.

멸균거즈, 화장솜, 페이퍼
타월은 뚜껑이 있는 용기에
보관할 것

소독용기 준비는 이렇게!
소독용기는 유리용기를 사용하며,
멸균거즈를 바닥에 깔고 알코올
70%, 물 30%를 푸셔, 니퍼, 오렌
지 우드 스틱, 더스트 브러시가 충
분히 잠길 수 있도록 준비한다.

• 핑거볼, 보온병, 분무기 등 부피가 큰 도구는 바
구니 밖에 깔끔하게 세팅해도 된다.
• 핑거볼에 물을 미리 부어도 되지만 시술 도중 물
을 쏟으면 감점을 받을 수 있으므로 사용 직전에
물을 부어 사용하도록 한다.

위생봉투(투명비닐)를 수험자
의 오른쪽 작업대에 테이프를
사용하여 부착한다.

03

※시험 도중에는 도구나 재료를 꺼낼 수 없으므로 바구니에 모든 재료가 세팅되어 있는지 다시 한번 체크한다.

| 작업대 세팅 시 감점요인 |
• 필요한 준비물이 모두 세팅되어 있지 않을 때
• 불필요한 도구 및 재료가 세팅되어 있을 때
• 테이블 위의 도구가 바닥에 떨어질 경우

## 준비물 꼭 챙기세요!

| 기본재료 |
01. 위생복
02. 마스크
03. 손목받침대
04. 타월
05. 페이퍼타월
06. 위생봉투
07. 스카치테이프
08. 바구니
09. 우드파일
10. 샌딩파일
11. 큐티클오일
12. 소독제(안티셉틱)
13. 푸셔
14. 니퍼
15. 오렌지우드스틱

16. 더스트 브러시
17. 화장솜
18. 멸균거즈
19. 탑젤
20. 베이스젤
21. 레드젤 폴리시
22. 화이트젤 폴리시
23. 젤클렌저
24. 지혈제
25. 세필 브러시
26. 젤브러시
26. 호일
27. 젤램프

# 본심사
Main evaluation

시술과정
*at a glance*

01. 소독 및 위생
02. 손톱모양 만들기
03. 베이스젤 바르기 및
    큐어링하기
04. 세로선 및 가로선
    그리기
05. 탑젤 바르기 및
    큐어링하기
06. 마무리

> **일러두기**
> 2과제 젤 매니큐어는 습식케어가 생략되므로 모델의 왼손은
> 큐티클 정리 등의 사전 준비작업이 미리 되어 있어야 하며 손
> 톱의 모양은 스퀘어 또는 오프 스퀘어형이어야 한다.

## 01 │ 소독 및 위생

### (1) 수험자의 손 소독하기

① 마른 멸균거즈에 소독제(안티셉틱)를 3회 정도 뿌려 양손을 번갈
   아가며 손등, 손바닥, 손가락 사이를 꼼꼼히 닦아낸다.
② 사용한 멸균거즈는 위생봉투에 버린다.

### (2) 모델의 손 소독하기

① 마른 멸균거즈에 소독제(안티셉틱)를 3회 정도 뿌려 왼손 손등, 손
   바닥, 손가락 사이를 꼼꼼히 닦아낸다.
② 사용한 멸균거즈는 위생봉투에 버린다.

> │ 감점요인 │
> • 하나의 거즈로 양쪽 손을 모두 소독할 때
> • 사용한 거즈를 위생봉투에 버리지 않고 작업대 위에 방치할 때

▲ 수험자의 손 소독하기　　　　▲ 모델의 손 소독하기

## 02 | 손톱모양 만들기

### 1 파일링

**작업 대상 : 1~5지**

① 우드파일을 이용하여 모델의 왼손 5지부터 1지까지 손톱 모양을 라운드형으로 만든다.

② 파일의 면을 이용하여 손톱의 오른쪽 스트레스 포인트에서 중앙으로, 또 왼편의 스트레스 포인트에서 중앙으로 한쪽 방향으로 파일링을 해서 좌우 대칭인 라운드 모양의 손톱을 만든다.

**라운드형이란?**

• 스트레스 포인트에서부터 프리에지까지 직선이 존재할 것
• 손톱의 끝부분이 라운드 형태를 이룰 것
• 프리에지의 어느 곳에서도 각이 없는 상태일 것

라운드형

### 2 표면 정리 및 거스러미 제거하기

① 샌딩파일을 손톱 표면에 라운드를 그리며 파일링을 한다.

② 샌딩파일을 엄지와 소지로 양 끝을 잡고 원을 그리듯 손톱 표면을 부드럽게 파일링한다.

③ 파일링이 끝난 뒤 생기는 거스러미도 샌딩파일을 이용하여 제거한다.

④ 완성된 손톱이 전체적으로 잘 되었는지 확인한다.

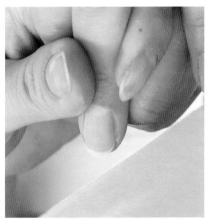

**3** 먼지 제거하기

마른 멸균거즈를 젤 클렌저로 적신 후 손톱을 꼼꼼하게 닦으며 먼지가
남지 않도록 한다.

| Checkpoint |
• 먼지 제거 시 더스트 브러시로 떨어내고 거즈로
  닦아주어도 된다.

## 03 | 컬러링

【컬러링 순서】

베이스젤 1회 → 큐어링    화이트 및 레드젤 폴리시 바르기 → 큐어링    탑젤 1회 → 큐어링

**1** 베이스젤 바르기 및 큐어링하기

① 모델의 왼손 5지부터 1지까지 브러시를 45° 각도로 해서 손톱 표면에 얇게 바른다.
② 젤램프에 30초 동안 큐어링을 한다.
③ 큐어링 후 마른 멸균거즈로 손톱 및 손톱 주위의 미경화된 젤을 닦아낸다.

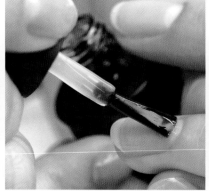

## 2 세로선 그리기

**컬러링 방법**

| 구분 | 선의 개수 |
|------|-----------|
| 세로선 | 흰색, 빨강색 각 4개씩 총 8개 (소지 : 흰색, 빨강색 각 3개씩) |
| 가로선 | 5개(소지 : 3개) |

※소지의 세로선, 가로선 개수가 반드시 다른 손가락보다 적어야 되는 것은 아니므로 다른 손
  가락과 같은 개수로 작업해도 무방하다.

| 감점요인 |
• 선의 간격이 일정하지 않을 때
• 선의 개수가 맞지 않을 때

① 세필붓으로 아래 그림과 같이 화이트젤을 이용하여 7개의 가는 세로선을 일정한 간격으로 그려준다.
② 펄이 첨가되지 않은 순수 흰색과 빨강색 젤네일 폴리시를 사용한다.

**일러두기**

작업의 편의를 위해 흰색 폴리시로 가는 기준선을 그어준 다음 폴리시를 그리는 방법을 설명하였지만
바로 세로선을 그리는 것이 익숙한 사람은 익숙한 방법으로 하도록 한다.

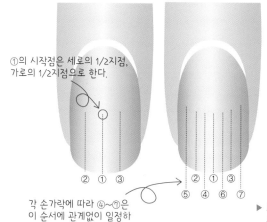

①의 시작점은 세로의 1/2지점,
가로의 1/2지점으로 한다.

② ① ③

⑤ ④ ⑥ ⑦

각 손가락에 따라 ④~⑦은
이 순서에 관계없이 일정하
게만 그어주면 된다.

▶ 화이트젤을 호일에 미리 덜어내어
  시술 중 붓으로 양을 조절하며 기준
  선을 그려준다.

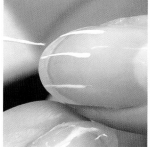
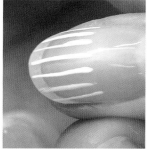

③ ❶~❹ 칸을 화이트젤로 채워준 후, ❺~❽ 칸을 레드젤로 채워준다.

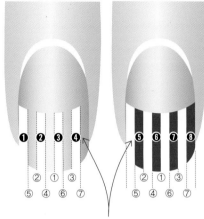

기본선 그릴때와 마찬가지로 각 손가락에 따라 ❶~❹, ❺~❽의 그리는 순서는 수험자가 편한대로 칠한다.

레드젤을 호일에 적당량 덜어내어 다른 세필붓으로 양을 조절하면서 사용한다.

화이트젤과 달리 레드젤을 칠할 때는 간격조절에 좀더 주의한다. (삐뚤어진 화이트 영역은 레드젤로 덧칠하여 일정한 패턴을 유지한다)

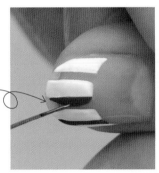

### 소지의 세로선 그리기
소지는 크기가 가장 작기 때문에 3줄씩 그린다.

▲ 프리에지 단면까지 칠해준다.

## ❸ 가로선 그리기 및 큐어링하기

① ❶번 선은 젤 브러시를 이용하여 화살표 방향으로 끌어당기듯 그어준다.

② 세필붓으로 ❷, ❸번 선을 화살표 방향으로 끌어당기듯 그어준 후 ❹, ❺번 선을 화살표 방향으로 끌어당기듯 그어준다.

③ 선 그리기를 마친 후 젤램프에 30초 동안 큐어링을 한다.

| Checkpoint |
• 가로 5줄 모두 완만한 스마일 라인이 되도록 그어준다.

젤브러시로 프렌치 라인을 완만한 스마일 라인으로 잡아준다.

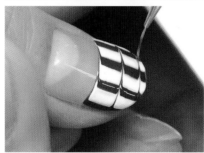

▲ 한 선을 그은 후에는 브러시에 묻은 젤을 젤클렌저와 페이퍼 타월로 닦아내고 다음 선을 그어준다.

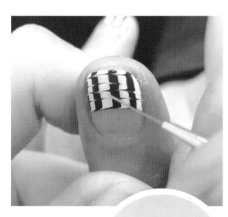

소지는 가로선을 3줄만 그린다.

가로선 그리기까지 마치면 젤램프에 약 30초 정도 큐어링을 한다.

▲ ❹, ❺번 선의 경우 우측에서 좌측방향으로 긋는 게 익숙하지 않은 사람은 모델의 손을 세워서 좌측에서 우측방향으로 그리면 훨씬 쉽다.

① 손톱 표면에 광택을 주기 위해 탑젤을 1회 바른다.
② 젤 램프에 2분 동안 큐어링을 해준다.

| 감점요인 |
• 완성된 작품에 기포가 있을 때
• 미경화된 부분이 남아 있을 때

## 04 | 손톱 표면 닦기 및 마무리

① 젤클렌저를 멸균거즈에 묻혀 손톱 표면을 닦아내어 완성한다.
② 사용한 재료와 도구는 모두 제자리에 정리하고 작업대 위를 깔끔하게 정리한다.

**미완성인 경우**
그 과제에 대해서는 0점 처리되므로 마지막 5분의 시간 배분에 특별히 신경을 쓰도록 한다. 탑젤까지 반드시 완성해야 한다.

# Line Marbling - finish works

# FAN SHAPE MARBLING

## 부채꼴 마블링

35 min

# 개요

## 01 | 과제개요

| 셰이프(Shape) | 대상부위 | 배점 | 작업시간 |
|---|---|---|---|
| 라운드 | 왼손 1~5지 손톱 | 20점 | 35분 |

## 02 | 심사기준

| 구분 | 사전심사 | 시술순서 및 숙련도 | | | 완성도 |
|---|---|---|---|---|---|
| | | 소독 | 파일링 & 셰이프 | 컬러링 | |
| 배점 | 3 | 3 | 4 | 5 | 5 |

## 03 | 심사 포인트

### (1) 사전심사

【수험자 및 모델의 복장】
① 수험자와 모델이 규정에 맞는 복장을 하고 있는가?
② 수험자와 모델이 불필요한 액세서리 등을 착용하고 있지 않는가?
③ 모델의 손톱이 시험 규정에 어긋나지 않는가?

【테이블 세팅】
① 시술에 필요한 준비목록이 모두 구비되어 있는가?
② 작업 테이블이 깔끔하게 정리되어 있는가?
③ 위생이 필요한 도구는 소독용기에 담겨져 있는가?

### (2) 본심사

【시술 순서 및 숙련도】
① 시술 순서가 잘못되지 않았는가?
② 전체 과정을 얼마나 능숙하게 작업하였는가?

【소독】
① 수험자와 모델의 손을 적당한 방법으로 소독하였는가?

【파일링】
① 시술에 적당한 파일을 선택하였는가?
② 파일링 작업 시 한쪽 방향으로 작업하였는가?
③ 프리에지의 길이가 5mm 이내로 일정한가?

【셰이프】
① 손톱 모양이 라운드형인가?
② 손톱의 좌우 대칭이 맞는가?

【컬러링】
① 총 7개의 둥근 부채꼴 모양의 교차된 가로선을 일정한 간격으로 균일하게 작업하였는가?
② 구심점을 중심으로 7개의 세로선으로 명료하게 마블링을 표현하였는가?
③ 개별 손톱 내에서 가로선의 폭이 동일한가?
④ 프리에지 단면의 앞 선까지 컬러가 도포되었는가?

【완성도】
① 전체적인 완성도 체크
② 손톱 표면과 손톱 아래의 거스러미, 분진 먼지, 불필요한 오일이 묻어있지 않은가?
③ 미경화젤이 남아있지 않은가?
④ 작업 종료 후 정리정돈을 제대로 하였는가?

> **일러두기**
> [사전심사]는 '풀코트 레드'와 동일하므로 자세한 설명은 '풀코트 레드'를 참조하세요.

# 본심사

Main evaluation

시술과정
at a glance

01. 소독 및 위생
02. 손톱모양 만들기
03. 베이스젤 바르기
    및 큐어링하기
04. 화이트젤과 레드젤
    바르기
05. 마블링 라인 그리기
    및 큐어링하기
06. 탑젤 바르기
    및 큐어링하기
07. 마무리

**일러두기**
기본 케어는 풀코트 레드와 동일하므로
상세 설명은 생략합니다.

## 01 │ 소독 및 위생

## 02 │ 손톱모양 만들기

**1** 파일링

**2** 표면 정리 및 거스러미 제거하기

**3** 먼지 제거하기

  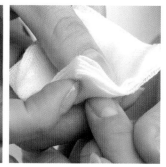

## 03 | 컬러링

**【컬러링순서】**

베이스젤 **1**회 → 큐어링 → 레드젤 폴리시 바르기 **1**회 이상 → 큐어링 → 흰색과 빨강색 부채꼴 마블링 → 큐어링 → 탑젤 **1**회 → 큐어링

**1** 베이스젤 바르기 및 큐어링하기

① 모델의 왼손 5지부터 1지까지 브러시를 45° 각도로 해서 손톱 표면에 얇게 바른다.

② 젤램프에 30초 동안 큐어링을 한다.

③ 큐어링 후 마른거즈로 손톱 및 손톱 주위의 미경화된 젤을 닦아낸다.

## 2 레드젤 폴리시 바르기 및 큐어링하기

① 레드젤 폴리시를 이용하여 풀코트로 발라준다.
② 젤램프에 1분 동안 큐어링을 한다.

펄이 첨가되지 않은 순수 빨강색
젤 폴리시를 사용한다.

## 3 흰색 가로선 그리기

| 컬러링 방법 | |
| --- | --- |
| 가로선 | • 먼저 흰색 4줄을 칸을 맞추어 발라준다.<br>• 빨강색 3줄을 사이사이에 넣어주면서 총 7개의 둥근 부채꼴 모양의 교차된 가로선을 일정한 간격으로 균일하게 작업한다. |
| 세로선 | • 구심점을 중심으로 7개의 세로선으로 마블링이 되도록 명료하게 작업한다. |
| 5지의 경우 가로선 총 5개(흰색 3개, 빨강색 2개), 세로선 5줄로 줄여서 작업 가능 | |

부채꼴의 간격을 맞추기
위해 기준점을 찍고 그리
는 것이 좋다.

컬러링이 네일 바디 전체의
1/2 정도로 일정하게
작업할 것

▲ 기준점 찍기

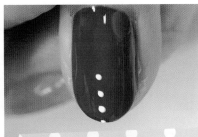

**일러두기**
작업의 편의를 위해 기준점을 찍어서 작업하는 방
법을 설명하였지만 익숙한 방법으로 그리면 된다.

▲ 두번째 선 그리기

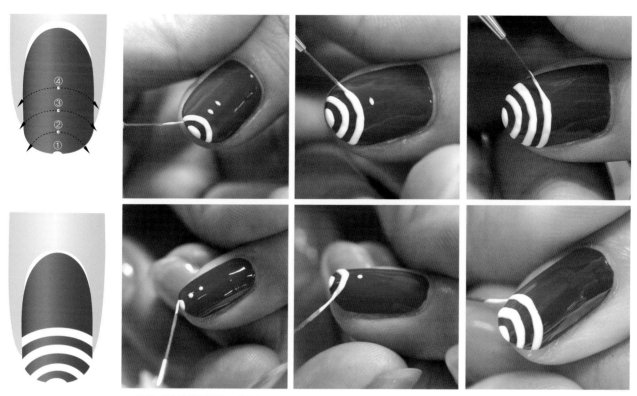

▲ 소지는 3개의 가로선만 그려준다.

## 4 빨강색 가로선 그리기

레드젤로 빨강색 가로선을 긋기 위해 호일에 레드 젤을 소량 덜어낸 후 세필붓으로 양을 조절해가면서 흰선 사이를 차례대로 그어준다.

| Checkpoint |
- 레드젤과 화이트젤의 굵기, 점도, 묽기 등이 일정해야 한다.
- 개별 손톱 내에서 가로선의 폭은 동일해야 한다.

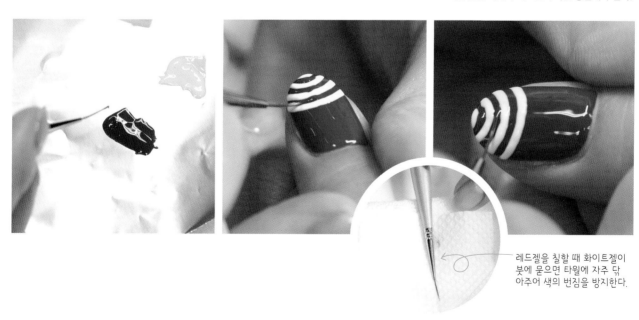

레드젤을 칠할 때 화이트젤이
붓에 묻으면 타월에 자주 닦
아주어 색의 번짐을 방지한다.

## 5 마블링 세로선 긋기 및 큐어링

**0**점을 중심으로 아래 그림처럼 순서대로 그려준다.

1. **①**-**0** 선을 그어준다.
2. **②**-**0** 선을 그어준다.
3. **①**, **②** 사이의 ③을 시작점으로 선을 그어준다.
4. **④**-**0** 선을 그어준다.
5. **⑤**-**0** 선을 그어준다.
6. **⑤**, **①** 사이의 ⑥을 시작점으로 선을 그어준다.
7. **⑦**-**0** 선을 그어준다.
8. 마블링 선 긋기를 한 후 젤램프에 30초 동안 큐어링을 한다.

| Checkpoint |
• 선을 그리는 순서는 채점과는 무관하므로 일정한 간격을 염두에 두고 편한대로 그린다.
• 한 선을 그은 다음 브러시에 묻은 젤은 젤클렌저로 닦아내고 다음 선을 그어준다.

| 감점요인 |
• 선의 간격과 폭이 일정하지 않을 때

▲ 소지의 세로선은 5개만 그린다.

## 04 | 탑젤 바르기 및 큐어링하기

① 손톱 표면에 광택을 주기 위해 왼손 5지부터 1지까지 탑젤을 얇게 1회 바른다.

② 젤 램프에 2분 동안 큐어링을 해준다.

**| 감점요인 |**
• 완성된 작품에 기포가 있을 때
• 미경화된 부분이 남아 있을 때

## 05 | 손톱 표면 닦기 및 마무리

① 젤클렌저를 멸균거즈에 묻혀 손톱 표면을 닦아내어 완성한다.

② 사용한 재료와 도구는 모두 제자리에 정리하고 작업대 위를 깔끔하게 정리한다.

**미완성인 경우**
그 과제에 대해서는 0점 처리되므로 마지막 5분의 시간 배분에 특별히 신경을 쓰도록 한다. 탑젤까지 반드시 완성해야 한다.

# Fan Shape Marbling - finish works

Chapter 04
# Artificial
## NAIL

인조네일

# Course Preview

한 눈에 살펴보는

## 과제 03 인조네일

실기시험 당일 주어진 전체 4과제가 주어지며, 인조네일에서 1과제가 공개됩니다.
아래 표는 인조네일의 과제별 주요 과정을 비교·정리한 것이므로 충분히 숙지하시기 바랍니다.

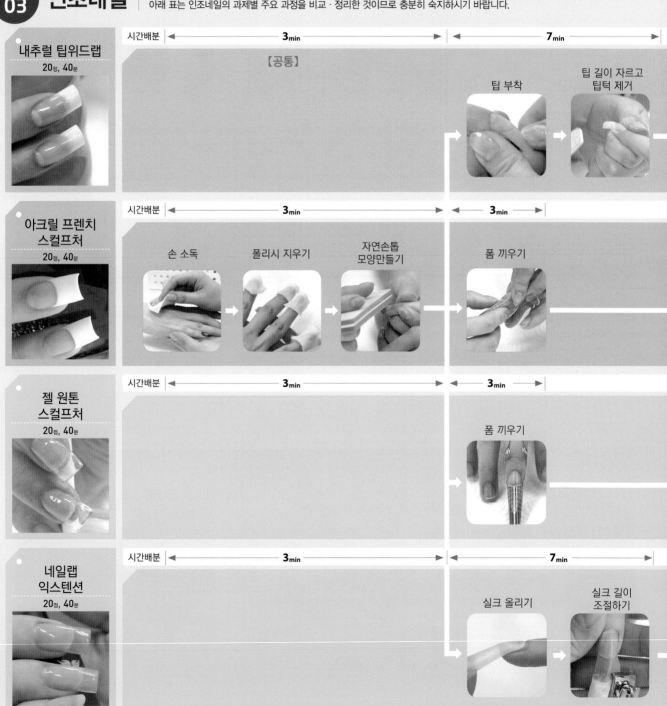

### 내추럴 팁위드랩
20점, 40분

| 시간배분 | ← 3min → | ← 7min → |

**[공통]**

팁 부착 → 팁 길이 자르고 팁턱 제거

### 아크릴 프렌치 스컬프처
20점, 40분

| 시간배분 | ← 3min → | ← 3min → |

손 소독 → 폴리시 지우기 → 자연손톱 모양만들기 → 폼 끼우기

### 젤 원톤 스컬프처
20점, 40분

| 시간배분 | ← 3min → | ← 3min → |

폼 끼우기

### 네일랩 익스텐션
20점, 40분

| 시간배분 | ← 3min → | ← 7min → |

실크 올리기 → 실크 길이 조절하기

## 주요 도구 및 재료 비교

| 내추럴 팁위드랩 | 아크릴 프렌치 스컬프처 | 젤 원톤 스컬프처 | 네일랩 익스텐션 |
|---|---|---|---|
| ① 인조팁 | ① 폼 | ① 폼 | ① 실크 |
| ② 팁커터 | ② 리퀴드 | ② 베이스젤 | ② 실크가위 |
| ③ 글루 | ③ 화이트 아크릴 파우더 | ③ 클리어젤 | ③ 글루 |
| ④ 필러파우더 | ④ 클리어 파우더 | ④ 젤클렌저 | ④ 필러파우더 |
| ⑤ 실크 | ⑤ 아크릴 브러시 | ⑤ 평판브러시 | ⑤ 글루 드라이어 |
| ⑥ 실크가위 | ⑥ 디펜디시 | ⑥ 탑젤 | ⑥ 젤글루 |
| ⑦ 글루 드라이어 | | ⑦ 젤램프 | |
| ⑧ 젤글루 | | | |

※기타 파일링 및 샌딩도구는 각 과정 참조

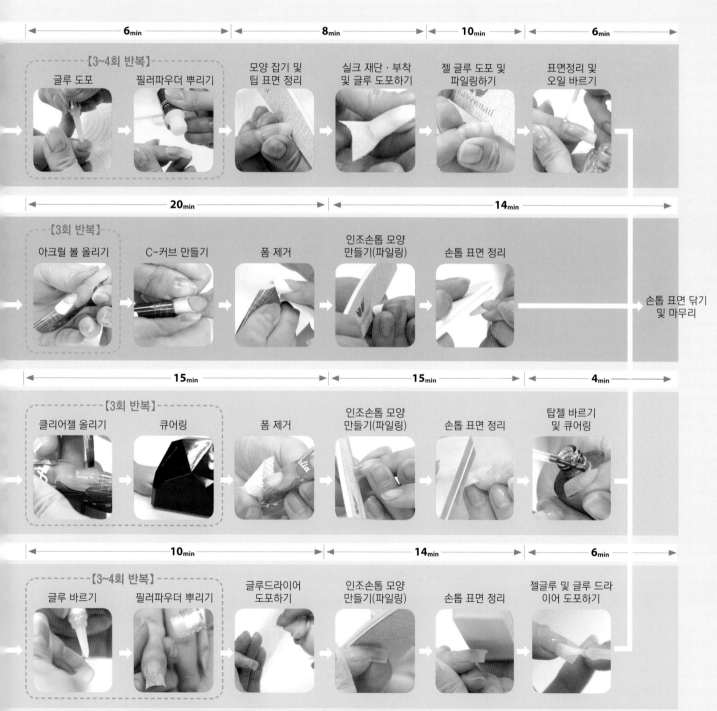

**6min** | **8min** | **10min** | **6min**

【3~4회 반복】
글루 도포 → 필러파우더 뿌리기 → 모양 잡기 및 팁 표면 정리 → 실크 재단 · 부착 및 글루 도포하기 → 젤 글루 도포 및 파일링하기 → 표면정리 및 오일 바르기

**20min** | **14min**

【3회 반복】
아크릴 볼 올리기 → C-커브 만들기 → 폼 제거 → 인조손톱 모양 만들기(파일링) → 손톱 표면 정리

손톱 표면 닦기 및 마무리

**15min** | **15min** | **4min**

【3회 반복】
클리어젤 올리기 → 큐어링 → 폼 제거 → 인조손톱 모양 만들기(파일링) → 손톱 표면 정리 → 탑젤 바르기 및 큐어링

**10min** | **14min** | **6min**

【3~4회 반복】
글루 바르기 → 필러파우더 뿌리기 → 글루드라이어 도포하기 → 인조손톱 모양 만들기(파일링) → 손톱 표면 정리 → 젤글루 및 글루 드라이어 도포하기

※시간배분은 개략적인 수치이며, 숙련도 및 개인마다 차이가 있으므로 참고만 하시기 바랍니다.

# NATURAL
# TIP WITH
# WRAP

내추럴 팁위드랩

40 min

# 개요

## 01 | 과제개요

| 셰이프(Shape) | 대상부위 | 배점 | 작업시간 |
|---|---|---|---|
| 스퀘어 | 오른손 3, 4지 손톱 | 30점 | 40분 |

## 02 | 심사기준

| 구분 | 사전심사 | 시술순서 및 숙련도 | | | | 완성도 |
|---|---|---|---|---|---|---|
| | | 소독 | 파일링 & 셰이프 | 팁 접착 | 오버레이 | |
| 배점 | 3 | 2 | 5 | 7 | 7 | 6 |

## 03 | 심사 포인트

### (1) 사전심사

【수험자 및 모델의 복장】
① 수험자와 모델이 규정에 맞는 복장을 하고 있는가?(수험자, 모델 모두 보안경 착용)
② 수험자와 모델이 불필요한 액세서리 등을 착용하고 있지 않는가?
③ 모델의 손톱이 시험 규정에 어긋나지 않는가?

【테이블 세팅】
① 시술에 필요한 준비목록이 모두 구비되어 있는가?
② 작업 테이블이 깔끔하게 정리되어 있는가?
③ 위생이 필요한 도구는 소독용기에 담겨져 있는가?

### (2) 본심사

【시술 순서 및 숙련도】
① 시술 순서가 잘못되지 않았는가?
② 전체 과정을 얼마나 능숙하게 작업하였는가?

【소독】
① 수험자와 모델의 손을 적당한 방법으로 소독하였는가?

【파일링&셰이프】
① 시술에 적당한 파일을 선택하였는가?
② 자연손톱 파일링 작업 시 비비거나 문지르지 않았는가?
③ 자연손톱을 1mm 이하의 라운드 또는 오벌형으로 조형하였는가?

④ 인조손톱을 가로, 세로 모두 직선의 스퀘어형으로 조형하였는가?

【팁 접착】
① 모델의 손톱 사이즈에 알맞은 팁을 선택하였는가?
② 팁이 자연손톱에 잘 접착이 되었는가?
③ 팁 접착 시 기포가 생기지 않았는가?
④ 팁턱 제거 시 자연손톱이 손상되지 않았는가?
⑤ 접착된 팁의 길이가 0.5~1cm로 일정한가?
⑥ 팁의 경계선이 자연손톱과 자연스럽게 연결되었는가?
⑦ 글루의 도포상태가 양호한가?

【오버레이】
① 필러파우더를 글루와 투명하게 혼용되도록 도포하였는가?
② 실크를 적당한 크기로 재단하였는가?
③ 실크가 제대로 접착이 되었는가?
④ 글루의 도포 상태가 적당한가?
⑤ C-커브가 규정에 맞게 되었는가?

【완성도】
① 전체적인 완성도 체크
② 손톱 표면과 손톱 아래의 거스러미, 분진 먼지, 불필요한 오일이 묻어있지 않는가?
③ 제한시간 내에 모든 작업을 완료하였는가?
④ 작업 종료 후 정리정돈을 제대로 하였는가?

# 사전심사
Pre-evaluation

## 01 | 수험자 및 모델의 복장

### (1) 수험자

① 상의 : 흰색 위생복(반팔 또는 긴팔 가운)

② 하의 : 긴바지(색상, 소재 무관)

③ 마스크

④ 제3과제에서 수험생과 모델 모두 보안경을 착용해야 한다.

| 기타 주의사항 |
- 복장에 소속을 나타내거나 표식이 없을 것
- 눈에 보이는 표식(네일 컬러링, 디자인 등)이 없을 것
- 액세서리(반지, 시계, 팔찌, 발찌, 목걸이, 귀걸이 등) 착용 금지

### (2) 모델

① 상의 : 흰색 무지(소재 무관, 남방류, 니트류 허용, 유색 무늬 불가, 아이보리색 등의 유색 불가)

② 하의 : 긴바지(색상 무관)

③ 마스크

④ 오른손 상태 : 제1과제(매니큐어)에서 시술한 상태

※ 신분증 반드시 지참할 것

※ 모델의 준비 상태가 적합하지 않을 경우 감점 또는 0점 처리

| 작업대상 |
- 폴리시 지우기 : 1~5지
- 이후 작업 : 3, 4지
| 손톱모양 |
- 자연손톱 : 5mm 이내의 라운드형→1mm 이내의 라운드 또는 오벌형
- 인조손톱 : 스퀘어형
※완성도를 높이기 위해 새로 일어난 손톱 옆 거스러미 등은 필요한 경우 제거 가능

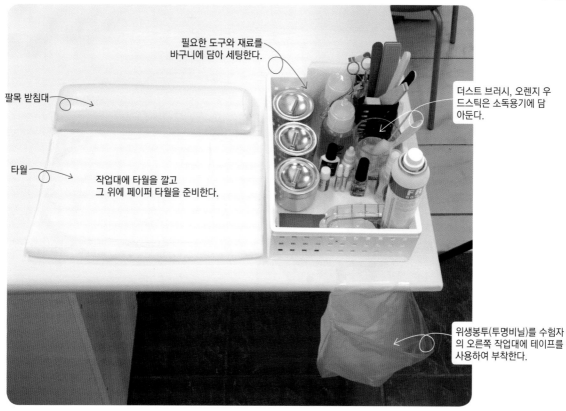

필요한 도구와 재료를
바구니에 담아 세팅한다.

팔목 받침대

더스트 브러시, 오렌지 우
드스틱은 소독용기에 담
아둔다.

타월

작업대에 타월을 깔고
그 위에 페이퍼 타월을 준비한다.

위생봉투(투명비닐)를 수험자
의 오른쪽 작업대에 테이프를
사용하여 부착한다.

※시험 도중에는 도구나 재료를 꺼낼 수 없으므로 바구니에 모든 재료가 세팅되어 있는지 다시 한번 체크한다.

### 준비물 꼭 챙기세요!

| 기본재료 |
01. 위생복
02. 보안경
03. 마스크
04. 손목받침대
05. 타월
06. 페이퍼타월
07. 위생봉투
08. 스카치테이프
09. 바구니
10. 우드파일
11. 인조네일용 파일
12. 샌딩파일
13. 광파일
14. 소독용기
15. 오렌지우드스틱
16. 더스트 브러시

17. 화장솜
18. 멸균거즈
19. 소독제
20. 큐티클오일
21. 지혈제
22. 가위

| 팁재료 |
01. 네일 팁
02. 글루
03. 젤글루
04. 글루 드라이어
05. 필러 파우더
06. 실크
07. 팁 커터

| 작업대 세팅 시 감점요인 |
• 필요한 준비물이 모두 세팅되어 있지 않을 때
• 불필요한 재료가 세팅되어 있을 때
• 테이블 위의 도구가 바닥에 떨어질 경우

# 본심사

Main evaluation

**일러두기**
제3과제에서는 제1과제에서 작업한 오른손으로 시작하게 된다.
제3과제 시험 시작 전에 제1과제에서 작업한 컬러를 미리 지우
면 안 되며, 제3과제 시험 시작 후에 시작해야 한다.

## 01 | 소독 및 위생

### (1) 수험자의 손 소독하기

① 마른 멸균거즈에 소독제(안티셉틱)를 3회 정도 뿌려 양손을 번갈
   아가며 손등, 손바닥, 손가락 사이를 꼼꼼히 닦아낸다.
② 사용한 멸균거즈는 위생봉투에 버린다.

### (2) 모델의 손 소독하기

① 수험자와 마찬가지로 마른 멸균거즈에 안티셉틱을 3회 정도 뿌려 오
   른손 손등, 손바닥, 손가락 사이를 꼼꼼히 닦아낸다.
② 사용한 멸균거즈는 위생봉투에 버린다.

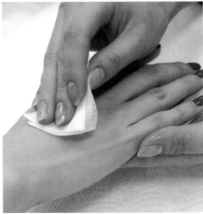

## 02 | 폴리시 지우기

**지우는 순서** : 5지 → 4지 → 3지 → 2지 → 1지

① 화장솜에 리무버를 충분히 적신 후 모델의 손톱 위에 3초 정도 올려놓는다.
② 검지와 엄지를 사용하여 앞으로 눌러주면서 **빼면** 지워진다.
③ 큐티클 라인과 네일 그루브 사이에 낀 폴리시는 오렌지 우드스틱에 화장솜을 감아 폴리시 리무버를 묻혀 닦아낸다.

**| 감점요인 |**
• 손톱 주변 피부에 잔여물이 남아있을 때
• 오렌지 우드 스틱 사용 후 버리지 않을 때
• 손톱 주변에 묻은 잔여물을 멸균거즈를 사용하지 않고 맨손톱으로 지울 때

## 03 | 손톱모양 만들기 – 파일링

**작업 대상** : 3지, 4지

① 우드파일을 이용하여 모델의 오른손 3지와 4지의 손톱을 1mm 이하의 라운드 또는 오벌형으로 만든다.
② 파일의 면을 이용하여 손톱의 오른쪽 스트레스 포인트에서 중앙으로, 또 왼편의 스트레스 포인트에서 중앙으로 한쪽 방향으로 파일링을 해서 좌우 대칭인 라운드 모양의 손톱을 만든다.

**| 감점요인 |**
• 파일을 문지르거나 비벼서 사용할 때

라운드형　　오벌형

▲ 손톱 모양
5mm 이내의 라운드형 →
1mm 이내의 라운드 또는 오벌형

## 04 | 표면 정리 및 거스러미 제거하기

① 샌딩파일로 손톱 표면에 라운드를 그리며 파일링을 한다.
② 샌딩파일을 엄지와 소지로 양 끝을 잡고 원을 그리듯 손톱 표면을 부드럽게 파일링한다.
③ 파일링이 끝난 뒤 생기는 거스러미도 샌딩파일을 이용하여 제거해준다.
④ 완성된 손톱이 전체적으로 잘되었는지 확인한다.

## 05 | 먼지 제거하기

① 소독용기에 담긴 더스트 브러시를 꺼낸 뒤 마른 멸균거즈를 이용하여 물기를 제거한다.
② 물기가 제거된 더스트 브러시로 손톱 주변의 먼지를 제거한다.

| Checkpoint |

• 소독용기에서 꺼낸 더스트 브러시는 멸균거즈로 물기로 닦아낸 뒤 사용한다.
• 사용 후 다시 소독용기에 담글 필요는 없지만 출혈이 있는 부위에 사용했을 경우에는 다시 소독용기에 넣은 후 사용하도록 한다.

【내추럴 팁위드랩 주요과정】

| 팁 부착 | 필러파우더 뿌리기 | 실크 올리기 | 글루 바르기 | 젤글루 도포 |
|---|---|---|---|---|

## 1 팁에 글루(glue) 도포 및 팁 부착하기

> **팁의 모양**
> • 길이 0.5~1cm로 모두 일정할 것
> • 가로, 세로 모두 직선의 스퀘어 모양일 것

① 모델의 손톱 양끝(스트레스 포인트)과 인조 팁의 사이즈가 ||자가 되는 동일한 팁을 선택한다.

② 팁의 웰 부분에 글루를 소량 도포한다.

③ 팁과 손톱의 각도를 45°를 유지하면서 팁을 부착한다.

| Checkpoint |
• 기포가 생길 경우 프리에지에 젤글루를 소량 도포하고 팁의 웰 부분에는 글루를 바른다.
• 측면 사이드 스트레이트 선은 자연손톱에서부터 프리에지까지 연결선이 너무 올라가거나 처지지 않도록 하며 직선을 유지해야 한다.

| 감점요인 |
• 시작 전 팁의 크기를 미리 선택할 때
• 팁을 미리 재단하거나 붙일 때

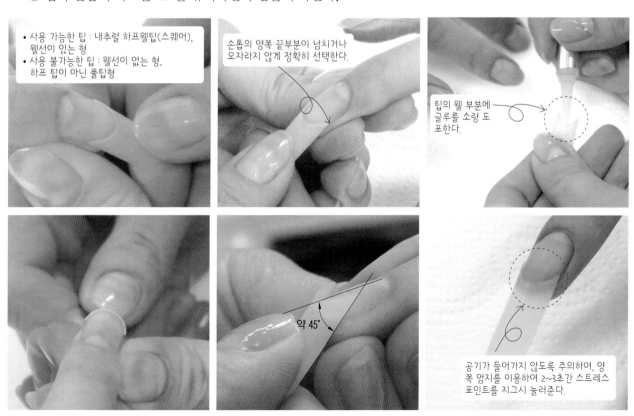

• 사용 가능한 팁 : 내추럴 하프웰팁(스퀘어), 웰선이 있는 형
• 사용 불가능한 팁 : 웰선이 없는 형, 하프 팁이 아닌 풀팁형

손톱의 양쪽 끝부분이 넘치거나 모자라지 않게 정확히 선택한다.

팁의 웰 부분에 글루를 소량 도포한다.

약 45°

공기가 들어가지 않도록 주의하며, 양쪽 엄지를 이용하여 2~3초간 스트레스 포인트를 지그시 눌러준다.

## 2 팁 고정 및 길이자르기

① 글루 드라이어를 약 20cm의 거리를 두고 소량 분사한다.
② 팁 커터로 1cm 정도 남기고 팁을 잘라준다.

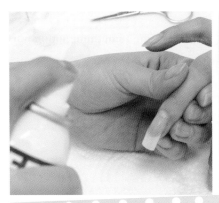
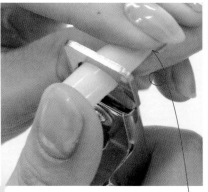
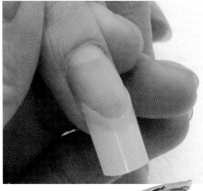

**글루 드라이어를 뿌리는 이유**
글루는 자연건조시켜면 약 3분 정도 걸린다.

팁 재단시 인조팁이 떨어질 위험이 있으므로
왼손의 엄지와 검지로 부착 부위를 잡아준다.

## 3 모양 잡기 및 팁턱 제거하기

① 150 및 180그릿 파일로 손톱의 길이와 사이드라인을 정리한다.
② 180그릿 파일로 팁의 턱을 제거한다.

| 감점요인 |
• 팁턱 제거 시 자연손톱이 손상될 때

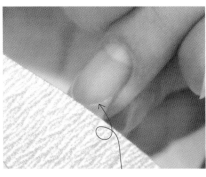
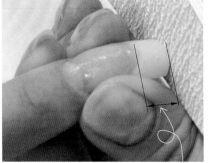
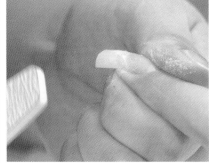

인조 팁과 손톱 사이에 지나치게 샌딩하면 자연손톱
이 손상될 수 있으므로 파일링 시 너무 힘을 주지 않
도록 한다.

팁의 길이는 0.5~1cm가
되게 한다.

**4** 팁 표면 정리 및 더스트 제거
① 샌딩파일로 팁 표면을 매끄럽게 정리한다.
② 더스트 브러시로 잔여물을 털어낸다.

 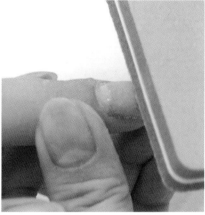 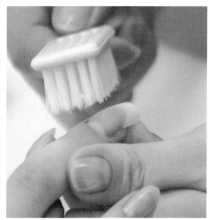

## 07 │ 글루 도포 및 필러파우더 뿌리기

**1** 글루 도포 및 필러파우더 뿌리기(1차)

① 글루를 팁턱 주위에 도포한다.
② 팁턱을 제거한 부위에 필러 파우더를 뿌린다.
③ 오렌지 우드스틱으로 피부에 묻은 필러 파우더를 제거한다.

│ **감점요인** │
• 글루 도포 시 글루가 피부에 닿거나 흘러내릴 때

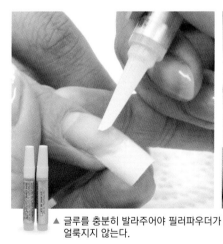  

▲ 글루를 충분히 발라주어야 필러파우더가
　얼룩지지 않는다.

▲ 글루가 필러파우더를 따라 움직이므로 큐티클
　라인과 사이드 웰 부분의 필러파우더를 제거해
　준다.

## **2** 글루 도포 및 필러파우더 뿌리기(2차)

① 다시 손톱 전체에 글루를 도포한다. (표면 뜨지 않게)
② 필러 파우더를 사용하여 하이포인트를 만들어 준다.
③ 오렌지 우드스틱으로 피부에 묻은 필러 파우더를 털어낸다.

| 감점요인 |
• 글루 도포 시 글루가 피부에 닿거나 흘러내릴 때

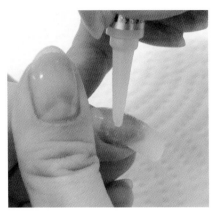  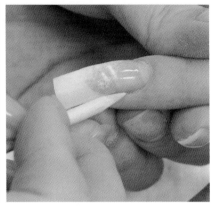

## **3** 글루 도포(3차) 및 고정하기

① 2차에 걸쳐 글루 도포 및 필러파우더 뿌리기 · 털어내기 작업을 마쳤으면 마지막으로 한번 더 손톱 전체에 글루를 도포한다.
② 글루 드라이어를 20cm 정도 떨어져서 소량 분사한다.

**글루 드라이어 분사 시 유의사항**

글루 드라이어를 분사할 때 20cm 정도의 거리를 두고 짧게 끊어서 분사해야 기포가 생기는 것을 방지할 수 있다.
글루 드라이어를 너무 가까이에서 분사하거나 많이 뿌리면 손톱에 액상이 묻어 손톱이 변색될 수 있으므로 주의한다.

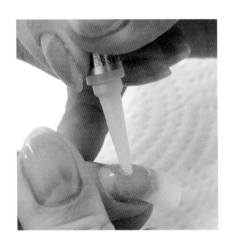 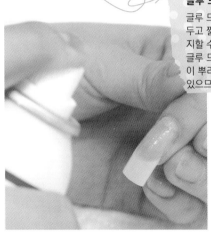 

## **4** 모양 잡기 및 표면 정리하기

① 180그릿 파일로 하이포인트의 모양을 잡고 표면을 정리한다.
② 샌딩파일로 표면을 버핑한다.
③ 더스트 브러시로 잔여물을 털어준다.

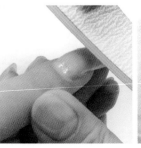 

## 08 | 실크 올리기

### 1 실크 재단하기

① 실크를 넉넉히 잘라 큐티클 라인 정 가운데에서 1mm 떨어진 상태에 손톱이 끝나는 지점에서 양쪽 끝을 엄지 손톱으로 표시한다.

② 실크의 끝부분에서 엄지 손톱의 표시가 있는 부분까지 일직선으로 잘라준다.

③ 큐티클 부분은 끝을 둥글게 잘라준다.

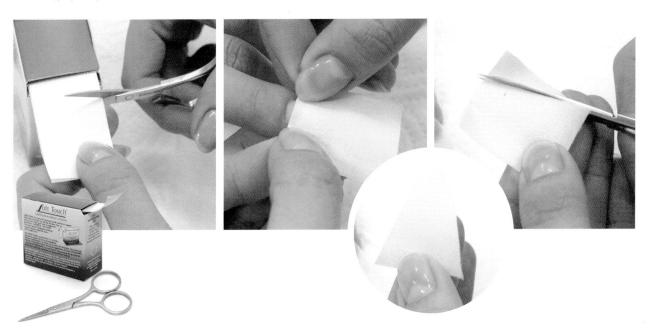

### 2 실크 접착하기

① 둥글게 재단한 부분의 종이를 뗀 후 큐티클 아래 1mm 정도를 남기고 접착한 후 실크 뒷면의 종이를 떼어내고 양 측면을 고정하면서 전체를 붙여준다.

② 실크를 손톱의 모서리 부분에 맞춰 부착하는데, 이때 들뜨지 않게 주의하도록 한다.

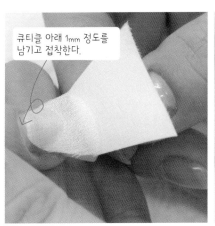

큐티클 아래 1mm 정도를 남기고 접착한다.

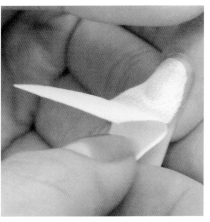

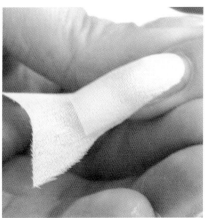

# 09 | 두께 만들기

## 1 글루 도포 및 고정하기

① 글루가 실크에 충분히 흡수될 수 있도록 2회에 걸쳐 글루를 도포한다.
② 프리에지 끝부분이 뜨지 않게 실크를 살짝 당겨 고정시켜준다.
③ 실크를 붙인 후 글루 드라이어를 소량 분사하여 글루가 빨리 마르도록 한다.

글루 드라이어를 뿌릴 때 가급적 작업자의 한손(왼손)으로 손톱 윗부분은 가리고 뿌려 드라이어가 모델의 다른 부위에 날리지 않게 해준다.

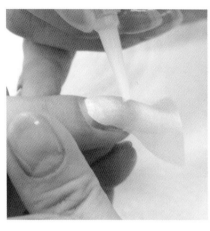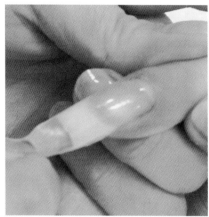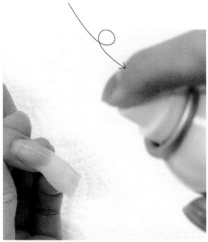

## 2 프리에지 정리 및 실크 턱 제거

180그릿 파일로 큐티클과 사이드 부분의 실크턱을 제거하고, 프리에지 부분에 남은 실크를 정리한다.

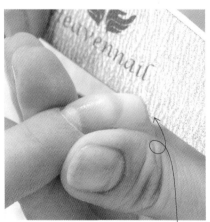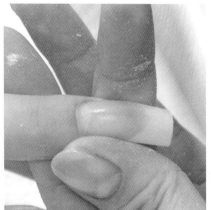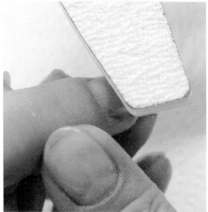

파일로 실크를 갈아내어 제거한다.

## 10 | 젤글루 도포 및 고정시키기

① 손톱 전체에 얇게 젤글루를 도포하여 필요한 두께를 만들고 단단하게 한다.
② 글루 드라이어를 소량 분사하여 빨리 마르도록 한다.

 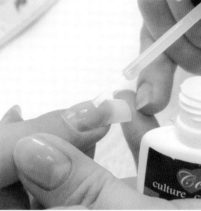 

## 11 | 표면 정리하기

① 마지막으로 전체를 확인하며 샌딩파일로 표면을 버핑한다.
② 광파일로 표면에 광을 낸다.
③ 멸균거즈로 손가락 및 손톱 표면과 사이드, 손톱 밑부분을 깨끗이 닦아준다.
④ 큐티클 오일을 발라주고 마무리한다.

| Checkpoint |
- 하이포인트(손톱 표면의 중심)에서 좌우, 상하 사방의 굴곡이 자연스럽게 연결할 것
- 기포가 없을 것
- 맑고 투명할 것

## 12 │ 마무리

사용한 재료와 도구는 모두 제자리에 정리하고 작업대 위를 깔끔하
게 정리한다.

**미완성인 경우**

그 과제에 대해서는 0점 처리되므로 마지막 5분의
시간 배분에 특별히 신경을 쓰도록 한다. 광택작업
까지 반드시 완성해야 한다.

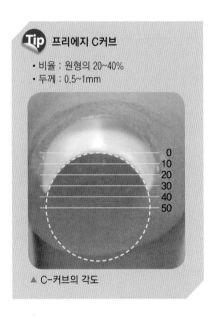

**Tip** 프리에지 C커브

- 비율 : 원형의 20~40%
- 두께 : 0.5~1mm

▲ C-커브의 각도

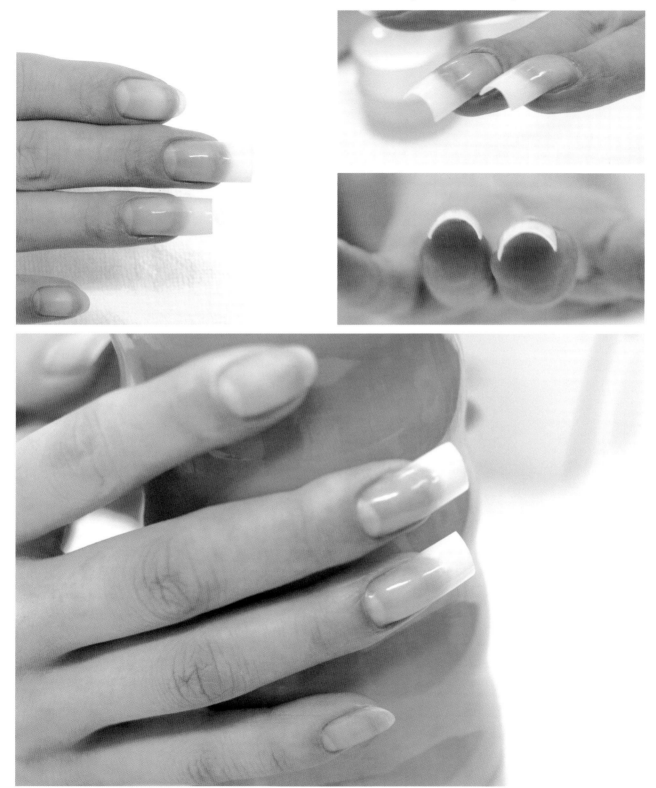

02

# ACRYLIC
# FRENCH
# SCULPTURE

아크릴 프렌치 스컬프처

The highlight of artificial Nails

Nail Technician Certification

# 개요

## 01 | 과제개요

| 셰이프(Shape) | 대상부위 | 배점 | 작업시간 |
|---|---|---|---|
| 스퀘어 | 오른손 3, 4지 손톱 | 30점 | 40분 |

## 02 | 심사기준

| 구분 | 사전심사 | 시술순서 및 숙련도 | | | | 완성도 |
|---|---|---|---|---|---|---|
| | | 소독 | 파일링 & 셰이프 | 폼 접착 | 스마일라인 | |
| 배점 | 3 | 2 | 5 | 7 | 7 | 6 |

## 03 | 심사 포인트

### (1) 사전심사

【수험자 및 모델의 복장】
① 수험자와 모델이 규정에 맞는 복장을 하고 있는가?(수험자, 모델 모두 보안경 착용)
② 수험자와 모델이 불필요한 액세서리 등을 착용하고 있지 않은가?
③ 모델의 손톱이 시험 규정에 어긋나지 않는가?

【테이블 세팅】
① 시술에 필요한 준비목록이 모두 구비되어 있는가?
② 작업 테이블이 깔끔하게 정리되어 있는가?
③ 위생이 필요한 도구는 소독용기에 담겨져 있는가?

### (2) 본심사

【시술 순서 및 숙련도】
① 시술 순서가 잘못되지 않았는가?
② 전체 과정을 얼마나 능숙하게 작업하였는가?

【소독】
① 수험자와 모델의 손을 적당한 방법으로 소독하였는가?

【파일링&셰이프】
① 시술에 적당한 파일을 선택하였는가?
② 자연손톱 파일링 작업 시 비비거나 문지르지 않았는가?

③ 자연손톱을 1mm 이하의 라운드 또는 오벌형으로 조형하였는가?
④ 인조손톱을 가로, 세로 모두 직선의 스퀘어형으로 조형하였는가?

【폼 접착】
① 폼이 아래로 처지지 않고 자연손톱과 일직선을 이루고 있는가?
② 폼 접착 시 기포가 생기거나 얼룩지지 않았는가?

【스마일라인】
① 스마일라인이 선명하게 표현되었는가?
② 스마일라인의 좌우 대칭이 완벽한가?
③ 스마일라인의 깊이가 일정한가?

【완성도】
① 전체적인 완성도 체크
② 손톱 표면과 손톱 아래의 거스러미, 분진 먼지, 불필요한 오일이 묻어있지 않은가?
③ 자연손톱과 인조손톱의 경계가 자연스럽게 연결되었는가?
④ 하이포인트에서 좌우, 상하 사방의 굴곡이 자연스럽게 연결되었는가?
⑤ 제한시간 내에 모든 작업을 완료하였는가?
⑥ 작업 종료 후 정리정돈을 제대로 하였는가?

> **일러두기**
> [사전심사]는 '팁위드랩'과 동일하므로 자세한 설명은 '팁위드랩'을 참조하세요.

# 「사전」 심사
## Pre-evaluation

## 01 | 작업대 세팅

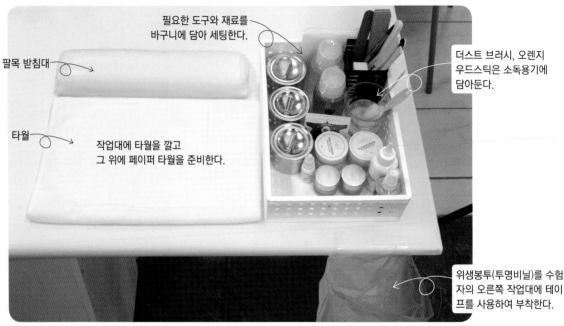

필요한 도구와 재료를
바구니에 담아 세팅한다.

더스트 브러시, 오렌지
우드스틱은 소독용기에
담아둔다.

팔목 받침대

타월

작업대에 타월을 깔고
그 위에 페이퍼 타월을 준비한다.

위생봉투(투명비닐)를 수험
자의 오른쪽 작업대에 테이
프를 사용하여 부착한다.

※시험 도중에는 도구나 재료를 꺼낼 수 없으므로 바구니에 모든 재료가 세팅되어 있는지 다시 한번 체크한다.

### | 작업대 세팅 시 감점요인 |
• 필요한 준비물이 모두 세팅되어 있지 않을 때
• 불필요한 재료가 세팅되어 있을 때
• 테이블 위의 도구가 바닥에 떨어질 경우

### 준비물 꼭 챙기세요!

| 기본재료 |
01. 위생복
02. 보안경
03. 마스크
04. 손목받침대
05. 타월
06. 페이퍼타월
07. 위생봉투
08. 스카치테이프
09. 바구니
10. 인조네일용 파일
11. 샌딩파일
12. 광파일
13. 소독용기
14. 푸셔
15. 니퍼
16. 오렌지우드스틱

17. 더스트 브러시
18. 화장솜
19. 멸균거즈
20. 폴리시 리무버
21. 큐티클오일
22. 지혈제
23. 가위
24. 소독제

| 아크릴재료 |
01. 네일 폼
02. 디펜디시
03. 리퀴드
04. 화이트 파우더
05. 클리어(핑크) 파우더
06. 아크릴 브러시

# 본심사

Main evaluation

**일러두기**
기본 케어는 팁위드랩과 동일하므로 상세 설
명은 생략합니다.

## 01 | 소독 및 위생

## 02 | 폴리시 지우기

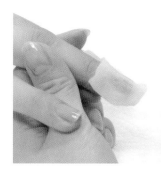   

## 03 | 손톱모양 만들기

**1 파일링**

**2 표면 정리 및 거스러미 제거하기**

**3 먼지 제거하기**

【아크릴 프렌치 스컬프처 주요과정】

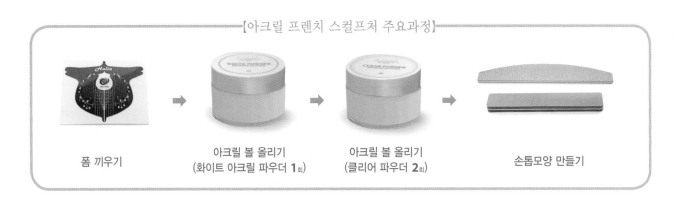

## 04 | 폼 끼우기

① 폼지 뒷면의 접착제를 떼어내어 폼지 안쪽의 접착면에 붙여준다.
② 양손의 엄지와 검지를 이용하여 모델의 손톱 크기에 맞게 재단한다.
③ 모델 손톱의 옐로우라인에 맞춰 정확히 재단한다.
④ 손톱 아래에 쉽게 끼울 수 있도록 폼지 윗부분을 구부려준다.
⑤ 재단한 폼을 프리에지 밑에 수평이 되게 하여 끼워준다.
⑥ 폼지의 아랫부분을 서로 붙여준다.

| 감점요인 |
⚠ 시작 전 폼을 재단하거나 미리 붙일 때

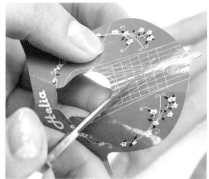

▲ 폼지 뒷면의 접착제를 떼어내어 폼지 안쪽의 접착면에 붙여준다.

옐로우라인에 맞춰 정확히 재단해야 폼이 손톱 밑으로 처지지 않는다.

▲ 폼지를 손톱에 맞추어 보고 옐로우 라인에 맞춰 가위로 재단한다.

▲ 손톱의 양쪽 끝부분이 넘치거나 모자라지 않게 정확히 재단해야 한다.

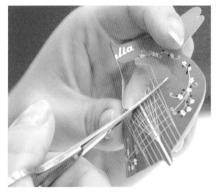

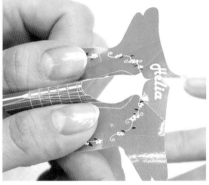

▲ 손톱 아래에 쉽게 끼울 수 있도록 손톱의 모양을 보며 충분히 폼지 윗부분을 구부려준다.

폼을 끼울 때 프리에지 부분과 폼 사이에 공간이 생기지 않도록 주의한다.

▲ 양손의 엄지를 이용하여 모델 손톱의 옐로우라인에 맞춰 접착시킨다.

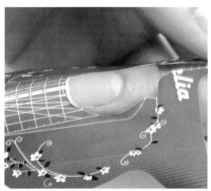

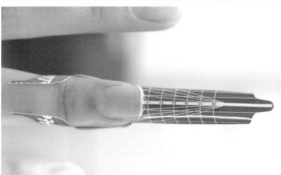

▲ 폼을 끼운 모습

### 아크릴 볼 올리기

| 구분 | 1차 | 2차 | 3차 |
|---|---|---|---|
| 재료 | 화이트 아크릴 파우더 | 클리어 파우더 | |
| 볼 올리는 위치 | 옐로우 라인 위 | 스마일 라인의 윗부분 | 루눌라 부분 |
| 기능 | • 프리에지 길이 및 두께 만들기<br>• 스마일 라인 만들기 | • 하이포인트 만들기 | • 루눌라 부분을 하이포인트와 연결 |

주의) 화이트 폴리머는 반드시 사용해야 하며, 핑크 및 클리어 폴리머는 선택 가능하다.

**■ 1차 – 화이트 아크릴 파우더**

① 디펜디시에 리퀴드를 붓고 이 리퀴드에 아크릴 브러시를 담근 후에 붓끝으로 화이트 아크릴 파우더를 찍어 아크릴 볼을 만든다.

② 이렇게 만들어진 아크릴 볼을 옐로우 라인 부분에 올려 스마일 라인을 만든다.

▲ 사진처럼 브러시를 이용하여 디펜디시에 리퀴드를 붓는다.

볼뜨기 : 브러시 팁으로 뜨거나 긁으면 동그랗게 볼이 만들어진다.

▲ 붓끝으로 화이트 아크릴 파우더를 찍어 아크릴 볼을 만든다.

▲ 아크릴 볼을 옐로우 라인 부분에 올려 놓는다.

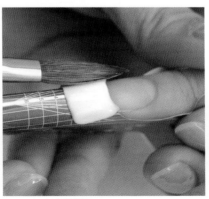

▲ 브러시의 백(back)과 벨리(belly) 부분을 이용하여 볼을 살며시 누르며 조금씩 전체적인 모양을 잡아준다.

▲ 브러시로 모양을 잡을 때 브러시에 묻은 리퀴드 및 아크릴은 페이퍼 타월에 닦아 제거한다.

▲ 리퀴드에 살짝 담근 브러시의 끝을 모아 스마일 라인을 잡아준다.

▲ 사진처럼 붓끝으로 아크릴 볼을 조금만 찍어낸 후 스트레스 포인트 부분의 스마일라인 양끝에 묻혀 세밀하게 잡아준다.

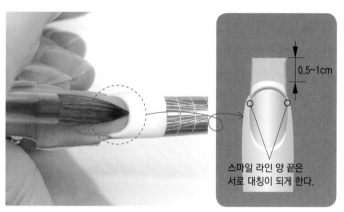

0.5~1cm

스마일 라인 양 끝은 서로 대칭이 되게 한다.

▲ 스마일라인의 양끝이 서로 대칭되지 않을 경우 감점요인이 된다.

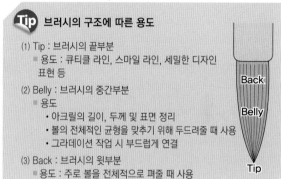

**Tip 브러시의 구조에 따른 용도**

(1) Tip : 브러시의 끝부분
  ■ 용도 : 큐티클 라인, 스마일 라인, 세밀한 디자인 표현 등
(2) Belly : 브러시의 중간부분
  ■ 용도
    • 아크릴의 길이, 두께 및 표면 정리
    • 볼의 전체적인 균형을 맞추기 위해 두드려줄 때 사용
    • 그라데이션 작업 시 부드럽게 연결
(3) Back : 브러시의 윗부분
  ■ 용도 : 주로 볼을 전체적으로 펴줄 때 사용

Back
Belly
Tip

04

## ② 2차 – 클리어 파우더

① 이번엔 붓끝으로 클리어 파우더를 찍어낸 후 두 번째 아크릴 볼을 만든다.
② 아크릴 볼을 스마일 라인의 윗부분에 올려놓고 하이포인트를 살리면서 붓 옆면을 이용하여 왼쪽과 오른쪽 부분을 다져준다.

| Checkpoint |

• 클리어 파우더를 올릴 때 화이트 파우더 위로 내려오지 않도록 주의해야 한다.

전체 길이의 약 2/3 지점에 하이포인트가 올라오도록 모양을 잡아준다.

전체길이의 2/3

▲ 두 번째 볼을 스마일 라인의 윗부분에 올려놓고 스마일 라인의 경계를 따라 좌우로 이동해준다.

### 3 3차 - 클리어 파우더

① 클리어 파우더를 이용하여 세 번째 아크릴 볼을 만든다.
② 세 번째 아크릴 볼은 두 번째 아크릴볼보다 작고 묽게 만들도록 한다.
③ 묽은 아크릴 볼을 루눌라 부분에 올리고 큐티클에 묻지 않도록 아크릴 브러시를 세워서 큐티클 라인을 따라 살살 눌러주고 브러시를 눕혀서 하이포인트 부분과 연결되도록 쓸어내려 준다.

| Checkpoint |
• 브러시를 쓸어내릴 때는 브러시의 끝을 사용하지 말고 브러시의 면을 사용해야 한다.
• 두 번째 아크릴과 경계가 생기지 않도록 자연스럽게 연결해 준다.
• 아크릴 볼을 올린 후 브러시는 항상 페이퍼 타월에 닦아 사용하도록 한다.

| 감점요인 |
• 페이퍼타월을 사용하고 난 뒤 위생봉투에 버리지 않을 때

사용이 끝난 브러시는 깨끗하게 닦아둔다.

### 4 C-커브 만들기

아크릴이 완전히 건조되기 전 양손 엄지로 스트레스 포인트 부분을 지그시 눌러 C-커브를 만들어 준다.

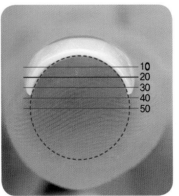

10
20
30
40
50

▲ C-커브의 각도가 원형의 20~40% 비율로 되도록 핀칭한다. (두께 : 0.5~1cm)

## 06 | 폼 제거하기

① 아크릴이 완전히 건조되면 폼을 제거한다.
② 왼손으로 제거할 손톱의 그루브를 고정시킨 후 오른손으로 프리에지 부분의 폼을 아래로 떨어뜨린다.
③ 윗부분의 폼 중앙을 아래쪽으로 떼어낸다.

▲ 프리에지 부분의 폼을 눌러준다.

▲ 손톱 상단의 폼을 벌려준다.

▲ 오른손으로 프리에지 부분의 폼을 잡고 아래로 분리한다.

## 07 | 손톱 모양 만들기

① 150그릿 파일로 스퀘어형으로 파일링을 한다.
② 180그릿 파일로 전체적인 밸런스를 맞추어준다.

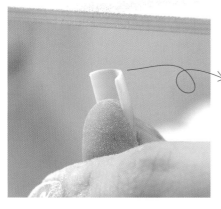

스퀘어형으로 잘 조형되었는지 확인한다.

**Tip** 아크릴 건조 여부 확인

손톱 모양을 다듬기 전에 아크릴이 건조되었는지 확인하려면 붓자루로 아크릴을 두들겨 통통 튀는 맑은 소리가 나는지 확인한다. 건조가 마무리되지 않으면 둔탁한 소리가 난다.

04

# 08 | 손톱 표면 정리

① 인조네일용 파일을 이용하여 손톱 표면의 전체 굴곡이 자연스럽게 연결되도록 파일링하고, 정면·측면 등 전체도 파일링해준다.
② 샌딩파일로 표면을 부드럽게 정리한다.
③ 광파일을 이용하여 광을 내준 후 더스트 브러시로 먼지를 제거한다.

| Checkpoint |
• 자연스러운 파일링을 위해서는 100그릿, 150그릿, 180그릿의 파일을 순서대로 사용하는 것이 좋다.

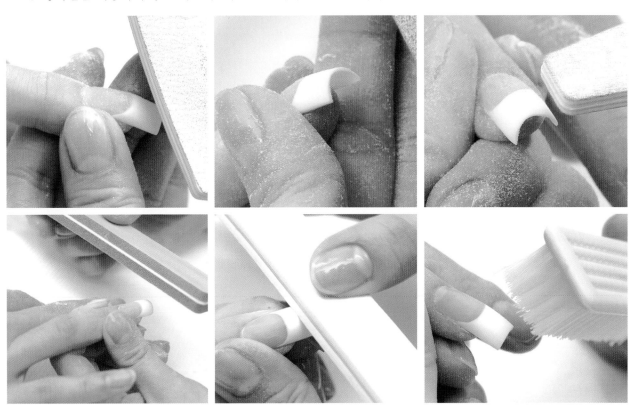

# 09 | 잔여물 제거 및 마무리

① 멸균거즈를 이용하여 손톱, 손가락 등에 묻은 잔여물을 제거한다.
② 사용한 재료와 도구는 모두 제자리에 정리하고 작업대 위를 깔끔하게 정리한다.

**미완성인 경우**
그 과제에 대해서는 0점 처리되므로 마지막 5분의 시간 배분에 특별히 신경을 쓰도록 한다. 광택 작업까지 반드시 완성해야 한다.

모델의 손톱건강을 위해 큐티클에 오일을 도포해도 좋다.

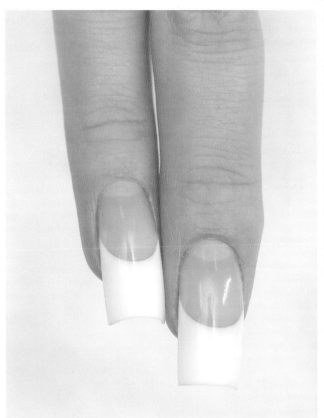

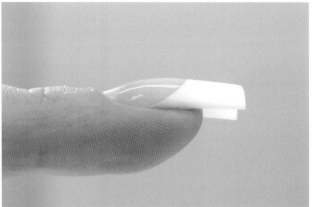

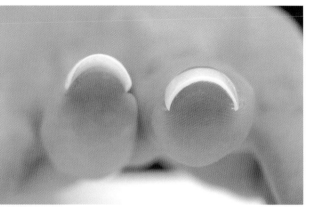

suits nails a cosmopolitan image

# GEL
# ONE-TONE
# SCULPTURE

젤 원톤 스컬프처

# 개요

## 01 | 과제개요

| 셰이프(Shape) | 대상부위 | 배점 | 작업시간 |
|---|---|---|---|
| 스퀘어 | 오른손 3, 4지 손톱 | 30점 | 40분 |

## 02 | 심사기준

| 구분 | 사전심사 | 시술순서 및 숙련도 | | | | 완성도 |
|---|---|---|---|---|---|---|
| | | 소독 | 파일링 & 셰이프 | 폼 접착 | 인조손톱 | |
| 배점 | 3 | 2 | 5 | 7 | 7 | 6 |

## 03 | 심사 포인트

### (1) 사전심사

【수험자 및 모델의 복장】
① 수험자와 모델이 규정에 맞는 복장을 하고 있는가?(수험자, 모델 모두 보안경 착용)
② 수험자와 모델이 불필요한 액세서리 등을 착용하고 있지 않은가?
③ 모델의 손톱이 시험 규정에 어긋나지 않는가?

【테이블 세팅】
① 시술에 필요한 준비목록이 모두 구비되어 있는가?
② 작업 테이블이 깔끔하게 정리되어 있는가?
③ 위생이 필요한 도구는 소독용기에 담겨져 있는가?

### (2) 본심사

【시술 순서 및 숙련도】
① 시술 순서가 잘못되지 않았는가?
② 전체 과정을 얼마나 능숙하게 작업하였는가?

【소독】
① 수험자와 모델의 손을 적당한 방법으로 소독하였는가?

【파일링&셰이프】
① 시술에 적당한 파일을 선택하였는가?
② 자연손톱 파일링 작업 시 비비거나 문지르지 않았는가?
③ 자연손톱을 1mm 이하의 라운드 또는 오벌형으로 조형하였는가?
④ 인조손톱을 가로, 세로 모두 직선의 스퀘어형으로 조형하였는가?

【폼 접착】
① 폼이 아래로 처지지 않고 자연손톱과 일직선을 이루고 있는가?
② 폼 접착 시 기포가 생기거나 얼룩지지 않았는가?
③ 젤 도포 상태가 양호한가?

【인조손톱】
① 인조손톱의 경계선이 자연손톱과 자연스럽게 연결었는가?
② C-커브가 규정에 맞게 되었는가?
③ 사이드 스트레이트 선은 자연 손톱에서부터 프리에지까지 직선을 유지하고 있는가?

【완성도】
① 전체적인 완성도 체크
② 손톱 표면과 손톱 아래의 거스러미, 분진 먼지, 불필요한 오일이 묻어있지 않는가?
③ 미경화 젤이 남아있지 않은가?
④ 3지와 4지의 모양과 길이가 일정한가?
⑤ 손톱 표면이 기포 없이 맑고 투명하게 완성되었는가?
⑥ 하이포인트에서 좌우, 상하 사방의 굴곡이 자연스럽게 연결되었는가?
⑦ 작업 종료 후 정리정돈을 제대로 하였는가?

> **일러두기**
> [사전심사]는 '팁위드랩'과 동일하므로 자세한 설명은 '팁위드랩'을 참조하세요.

# 사전심사
## Pre-evaluation

## 01 | 작업대 세팅

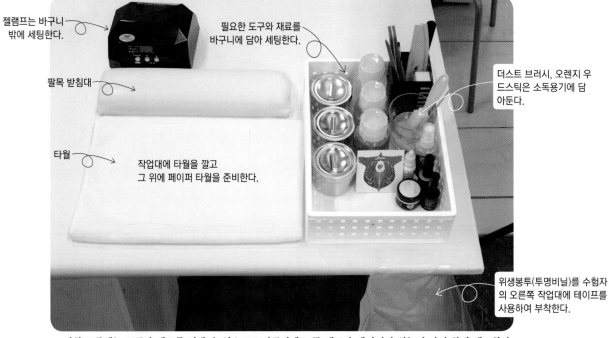

젤램프는 바구니 밖에 세팅한다.

필요한 도구와 재료를 바구니에 담아 세팅한다.

팔목 받침대

더스트 브러시, 오렌지 우드스틱은 소독용기에 담아둔다.

타월

작업대에 타월을 깔고 그 위에 페이퍼 타월을 준비한다.

위생봉투(투명비닐)를 수험자의 오른쪽 작업대에 테이프를 사용하여 부착한다.

※시험 도중에는 도구나 재료를 꺼낼 수 없으므로 바구니에 모든 재료가 세팅되어 있는지 다시 한번 체크한다.

| 작업대 세팅 시 감점요인 |
· 필요한 준비물이 모두 세팅되어 있지 않을 때
· 불필요한 재료가 세팅되어 있을 때
· 테이블 위의 도구가 바닥에 떨어질 경우

### 준비물 꼭 챙기세요!

| 기본재료 |
01. 위생복
02. 보안경
03. 마스크
04. 손목받침대
05. 타월
06. 페이퍼타월
07. 위생봉투
08. 스카치테이프
09. 바구니
10. 인조네일용 파일
11. 샌딩파일
12. 소독용기
13. 오렌지우드스틱
14. 더스트 브러시
15. 화장솜

16. 멸균거즈
17. 폴리시 리무버
18. 큐티클오일
19. 지혈제
20. 가위
21. 소독제

| 젤재료 |
01. 네일 폼
02. 베이스젤
03. 탑젤
04. 젤클렌저
05. 클리어젤
06. 젤 브러시
07. 램프

# 본심사
Main evaluation

**일러두기**
기본 케어는 팁위드랩과 동일하므로 상세 설명은 생략합니다.

## 01 | 소독 및 위생

  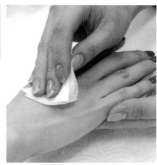 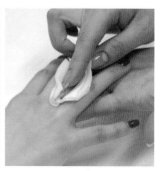

## 02 | 폴리시 지우기

 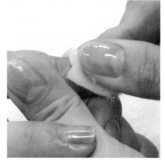  

## 03 | 손톱모양 만들기

**1** 파일링

**2** 표면 정리 및 거스러미 제거하기

**3** 먼지 제거하기

【젤 원톤 스컬프처 주요과정】

베이스젤 바르기 → 폼 끼우기 → 클리어젤 올리기 및 큐어링 → 손톱모양 만들기 → 탑젤 바르기

## 04 | 베이스젤 바르기 및 큐어링하기

① 밀착력을 높여주기 위해 손톱 표면에 베이스젤을 발라준다.
② 젤 램프에 30초 동안 큐어링을 한다.
③ 멸균거즈에 젤 클렌저를 묻혀 미경화 베이스젤을 닦아낸다.

## 05 | 폼 끼우기

① 폼지 뒷면의 접착제를 떼어내어 폼지 안쪽의 접착면에 붙여준다.
② 손톱 아래에 쉽게 끼울 수 있도록 폼지 윗부분을 구부려준다.
③ 양손의 엄지와 검지를 이용하여 모델의 손톱 크기에 맞게 재단한다.
④ 손끝 살에 맞도록 안쪽으로 폼지를 잘라준다.

| 감점요인 |
⚠ 시작 전 폼을 재단하거나 미리 붙일 때

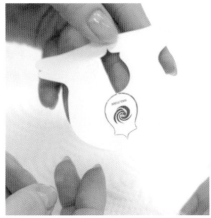 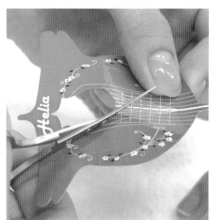

종이폼

옐로우라인

손톱의 옐로우라인 모양에 맞게 폼을 재단한다.

▲ 손톱의 양쪽 끝부분이 넘치거나 모자라지 않게 정확히 재단해야 한다.

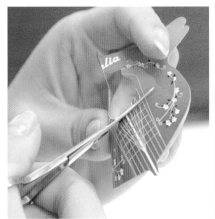

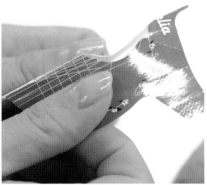

▲ 손톱 아래에 쉽게 끼울 수 있도록 손톱의 모양을 보며 폼지 윗부분을 구부려준다.

▲ 폼을 끼울 때 프리에지 부분과 폼 사이에 공간이 생기지 않도록 주의한다.

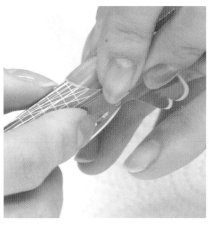

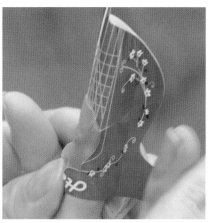

▲ 폼지 끝부분을 맞추어 접착시켜야 C커브의 좌우 균형이 잘 맞는다.

▲ 양손의 엄지와 검지를 이용하여 C-커버의 각도를 조정해준다.

▲ 폼지의 아랫부분의 접착부분이 벌어질 경우에 C-커버의 각도가 20~40%가 나오지 않을 수 있으므로 주의한다.

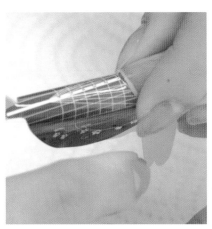

**Tip** C-커브가 제대로 되지 않을 때

C-커버의 좌우 균형이 맞지 않거나, 충분히 커브가 이뤄지지 않을 경우 붓자루을 폼 사이에 넣고 엄지와 검지로 커브를 조정한다.

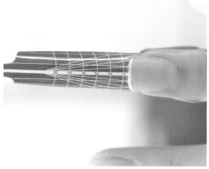

▲ 폼지를 끼운 모습

## 06 | 클리어젤 올리기 및 큐어링

**1 1차 시술**

① 브러시로 클리어젤을 떠서 자연손톱과 폼지의 경계 부위에 올리는데, 폼지에는 연장할 길이만큼만 올린다.

> **연장 길이** : 프리에지를 기준으로 0.5~1cm

② 클리어젤을 올릴 때 기포가 생기지 않도록 주의하고 자연손톱과 높이를 맞춰준다.
③ 젤 램프에 1분 동안 큐어링을 한다.
④ 5~10초 정도 큐어링을 하다가 손을 꺼내어 핀칭을 잡아준다.

> 방법 1 : 자주 덧칠을 하거나 붓질을 자주하면 그만큼 기포가 자주 발생될 수 있으므로 가급적 붓질 횟수를 줄여준다.
>
> 방법 2 : 젤을 올린 뒤에 젤에서 브러시를 떼지 말고 끌듯이 붓질을 하면 기포가 생기지 않는다.

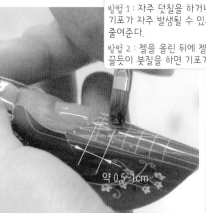

약 0.5~1cm

**Tip 핀칭(Pinching) 요령**

- 핀칭은 종이폼 및 젤의 C-커브가 만들기 위해 손톱 끝 부분(특히 스트레스 포인트 양쪽)을 눌러주는 것을 말한다.
- 핀칭은 젤이 적당히 굳은 상태에서 해야 한다.
- 핀칭 작업을 자주하는 것보다 가급적 처음에 종이폼 재단 및 커브작업을 제대로 해주는 것이 좋다.

### 2 2차 시술

① 앞과 동일한 과정으로 브러시로 클리어젤을 떠서 베이스젤을 올린
부분과 연장된 손톱 경계 부위에 올린 뒤 손톱 전체에 볼륨감을 주
면서 발라준다.
② 젤 램프에 1분 동안 큐어링을 한다.
③ 큐어링 도중 손을 꺼내어 핀칭을 한번씩 잡아준다.

### 3 3차 시술

① 브러시로 소량의 젤을 떠서 하이포인트가 생기도록 발라준다.
② 젤 램프에 2분 동안 큐어링을 한다.
③ 큐어링 도중 손을 꺼내어 핀칭을 한번씩 잡아준다.

## 07 | 폼 제거 및 표면 정리

① 폼지를 제거한다.
② 그리고 화장솜에 젤클렌져를 묻혀 손톱 표면을 닦아낸다.

## 08 | 파일링하기

스퀘어형

① 150그릿 파일로 스퀘어형으로 파일링을 한다.
② 180그릿 파일로 전체적인 밸런스를 맞추어 준다.

  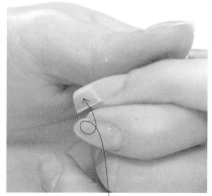

젤은 잘 갈라질 수 있으므로
파일링 시 너무 힘을 주지 않도록 한다.

## 09 | 손톱 표면 정리

① 샌딩파일을 이용하여 손톱 표면이 균일해지도록 버핑을 해준다.
② 물기가 제거된 더스트 브러시로 손톱 주변의 먼지를 제거한다.
③ 멸균거즈에 젤클렌저를 묻혀 손톱 표면을 닦아준다.

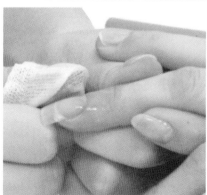

## 10 | 탑젤 바르기 및 큐어링하기

① 손톱 표면에 광택을 주기 위해 전체적으로 탑젤을 얇게 바른다.
② 젤 램프에 2분 동안 큐어링을 해준다.
③ 큐어링 후 멸균거즈에 젤클렌저를 묻혀 미경화젤을 닦아낸다.

 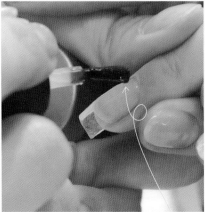 

탑젤은 여러번 바르거나 지나치게
많이 바르지 않도록 한다.

## 11 | 마무리

사용한 재료와 도구는 모두 제자리에 정리하고 작업대 위를 깔끔하
게 정리한다.

**미완성인 경우**
그 과제에 대해서는 0점 처리되므로 마지막 5분의
시간 배분에 특별히 신경을 쓰도록 한다. 탑젤까지
반드시 완성해야 한다.

# NAIL WRAP
## EXTENSION

네일랩 익스텐션

40 min

# 개요

## 01 | 과제개요

| 셰이프(Shape) | 대상부위 | 배점 | 작업시간 |
|---|---|---|---|
| 스퀘어 | 오른손 3, 4지 손톱 | 30점 | 40분 |

## 02 | 심사기준

| 구분 | 사전심사 | 시술순서 및 숙련도 | | | | 완성도 |
|---|---|---|---|---|---|---|
| | | 소독 | 파일링 & 셰이프 | 실크 연장 | 인조손톱 | |
| 배점 | 3 | 2 | 5 | 7 | 7 | 6 |

## 03 | 심사 포인트

**(1) 사전심사**

【수험자 및 모델의 복장】

① 수험자와 모델이 규정에 맞는 복장을 하고 있는가?(수험자, 모델 모두 보안경 착용)

② 수험자와 모델이 불필요한 액세서리 등을 착용하고 있지 않는가?

③ 모델의 손톱이 시험 규정에 어긋나지 않는가?

【테이블 세팅】

① 시술에 필요한 준비목록이 모두 구비되어 있는가?

② 작업 테이블이 깔끔하게 정리되어 있는가?

③ 위생이 필요한 도구는 소독용기에 담겨져 있는가?

**(2) 본심사**

【시술 순서 및 숙련도】

① 시술 순서가 잘못되지 않았는가?

② 전체 과정을 얼마나 능숙하게 작업하였는가?

【소독】

① 수험자와 모델의 손을 적당한 방법으로 소독하였는가?

【파일링&셰이프】

① 시술에 적당한 파일을 선택하였는가?

② 자연손톱 파일링 작업 시 비비거나 문지르지 않았는가?

③ 자연손톱을 1mm 이하의 라운드 또는 오벌형으로 조형하였는가?

④ 인조손톱을 가로, 세로 모두 직선의 스퀘어형으로 조형하였는가?

【실크 연장】

① 실크를 적당한 크기로 재단하였는가?

② 실크가 제대로 접착이 되었는가?

③ 글루의 도포 상태가 적당한가?

④ 글루가 흘러내려 피부에 닿지 않았는가?

【인조손톱】

① 인조손톱의 경계선이 자연손톱과 자연스럽게 연결되었는가?

② 연장된 프리에지의 길이가 0.5~1cm 미만으로 모두 일정한가?

③ 인조손톱이 가로, 세로 모두 직선의 스퀘어 모양으로 조형하였는가?

④ C-커브가 규정에 맞게 되었는가?

【완성도】

① 전체적인 완성도 체크

② 손톱 표면과 손톱 아래의 거스러미, 분진 먼지, 불필요한 오일이 묻어있지 않는가?

③ 3지와 4지의 모양과 길이가 일정한가?

④ 하이포인트에서 좌우, 상하 사방의 굴곡이 자연스럽게 연결되었는가?

⑤ 작업 종료 후 정리정돈을 제대로 하였는가?

> **일러두기**
> [사전심사]는 '팁위드랩'과 동일하므로 자세한 설명은 '팁위드랩'을 참조하세요.

# 「사전 심사」
Pre-evaluation

## 01 | 작업대 세팅

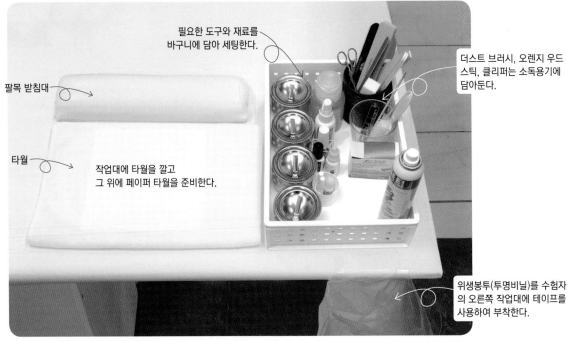

필요한 도구와 재료를 바구니에 담아 세팅한다.

더스트 브러시, 오렌지 우드 스틱, 클리퍼는 소독용기에 담아둔다.

팔목 받침대

타월

작업대에 타월을 깔고 그 위에 페이퍼 타월을 준비한다.

위생봉투(투명비닐)를 수험자의 오른쪽 작업대에 테이프를 사용하여 부착한다.

※시험 도중에는 도구나 재료를 꺼낼 수 없으므로 바구니에 모든 재료가 세팅되어 있는지 다시 한번 체크한다.

### 준비물 꼭 챙기세요!

| 기본재료 |
01. 위생복
02. 보안경
03. 마스크
04. 손목받침대
05. 타월
06. 페이퍼타월
07. 위생봉투
08. 스카치테이프
09. 바구니
10. 우드파일
11. 인조네일용 파일
12. 샌딩파일
13. 광파일
14. 소독용기
15. 오렌지우드스틱

16. 더스트 브러시
17. 화장솜
18. 멸균거즈
19. 소독제
20. 큐티클오일
21. 지혈제
22. 폴리시리무버

| 인조네일 재료 |
01. 실크
02. 글루
03. 젤글루
04. 글루 드라이어
05. 필러 파우더
06. 클리퍼
07. 실크 가위

### | 작업대 세팅 시 감점요인 |
• 필요한 준비물이 모두 세팅되어 있지 않을 때
• 불필요한 재료가 세팅되어 있을 때
• 테이블 위의 도구가 바닥에 떨어질 경우

# 본심사

Main evaluation

**일러두기**
기본 케어는 팁위드랩과 동일하므로 상세 설명은 생략합니다.

## 01 | 소독 및 위생

## 02 | 폴리시 지우기

 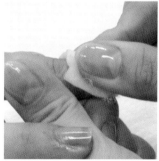  

## 03 | 손톱모양 만들기

**1** 파일링

**2** 표면 정리 및 거스러미 제거하기

**3** 먼지 제거하기

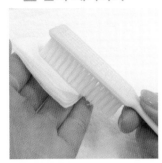 

【랩 익스텐션 주요과정】

실크 붙이기     글루 바르기     필러파우더 뿌리기     손톱모양 만들기

## 04 | 실크 올리기

### 1 실크 재단하기

① 실크를 넉넉히 잘라 큐티클 라인 정 가운데에서 1~1.5mm 정도 떨어진 상태에서 큐티클 라인을 따라 양손 엄지 손톱으로 실크에 표시한다.

② 실크의 끝부분에서 엄지 손톱의 표시를 따라 일직선으로 재단한다.

③ 큐티클 부분은 끝을 둥글게 잘라준다.

| 감점요인 |
• 실크를 미리 재단하거나 붙일 때
• 글루가 손톱 주위에 묻을 때

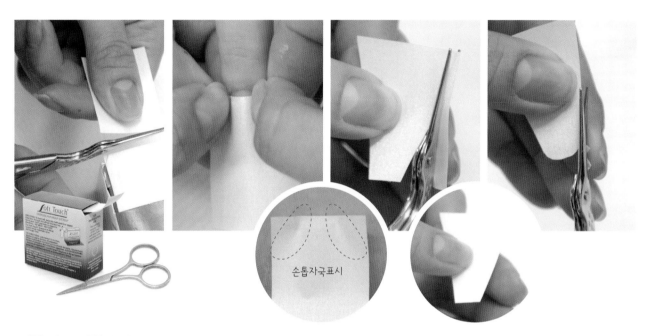

손톱자국표시

### 2 실크 접착하기

① 둥글게 재단한 부분의 종이만 뗀 후 큐티클 아래 1mm 정도를 남기고 접착한 후 실크 뒷면의 종이를 떼어내고 양 측면을 고정하면서 전체를 붙여준다.

② 실크를 손톱의 모서리 부분에 맞춰 부착하는데, 이때 들뜨지 않게 주의하도록 한다.

| Checkpoint |
• 측면 사이드 스트레이트 선은 자연손톱에서부터 프리에지까지 연결선이 너무 올라가거나 처지지 않도록 하며 직선을 유지해야 한다.

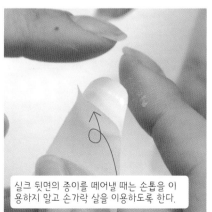

실크 뒷면의 종이를 떼어낼 때는 손톱을 이용하지 말고 손가락 살을 이용하도록 한다.

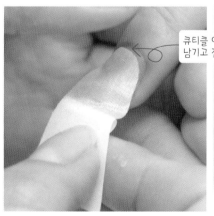

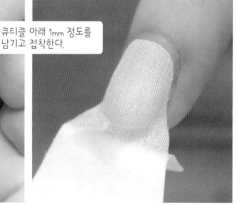

큐티클 아래 1mm 정도를 남기고 접착한다.

**3** 글루 도포 및 글루 드라이어 뿌리기

① 글루가 실크에 충분히 흡수될 수 있도록 실크 위에 글루를 도포한다.

② 네일 바디 위에서 글루를 짜서 실크 쪽으로 끌고 내려온다.

③ 프리에지의 길이는 0.5~1cm 정도 되게 발라준다.

④ 글루를 도포한 후 글루 드라이어를 뿌리고 실크를 잡은 상태에서 5초 정도 유지하도록 한다.

| Checkpoint |
• 글루의 양을 잘 조절하여 손톱 주위에 묻지 않도록 주의한다.

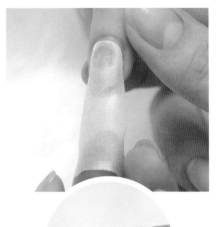
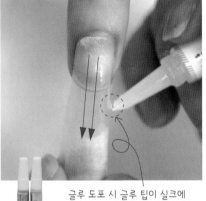
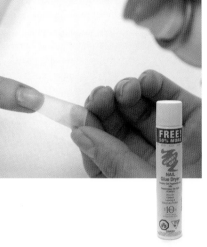

글루 도포 시 글루 팁이 실크에 닿으면 실크가 밀릴 수 있으므로 최대한 근접 거리에서 소량씩 도포한다.

글루 드라이어를 뿌리고 바로 실크를 손에서 놓게 되면 C커브가 잡히지 않고 실크가 펴질 수 있으므로 5초 정도 유지한 뒤 실크를 놓도록 한다.

## 05 | 실크 길이 조절하기

① 클리퍼를 이용하여 0.5~1cm 정도의 길이로 실크를 잘라준다.

② 가운데부터 자르게 되면 C커브가 무너질 수 있으므로 양쪽 끝부분부터 잘라준다.

③ 두께를 만들기 전에 실크 안쪽부분을 엄지손톱으로 살짝 긁어면서 C-커브를 살려준다.

실크를 자를 때 파일링 작업을 생각해서 약간의 여유를 주도록 한다.

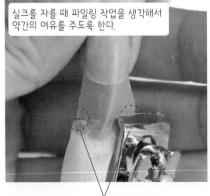
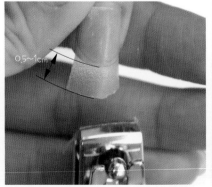
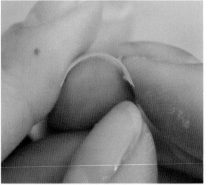

0.5~1cm

양쪽 끝부분부터 잘라준다.

# 06 | 두께 만들기

## ▌ 글루 도포 및 필러파우더 뿌리기

① 글루를 손톱과 실크 위에 골고루 발라준 뒤 필러파우더를 뿌려준다.

② 필러파우더를 45° 각도를 유지한 채 검지손가락으로 필러파우더 밑바닥을 톡톡톡 쳐주면서 조금씩 뿌리도록 한다.

③ 글루가 손톱 주위에 스며드는 것을 방지하기 위해 오렌지우드스틱에 리무버를 묻혀 손톱과 큐티클 라인의 경계선을 따라 닦아준다.

④ 충분한 두께가 나올 때까지 위 ①~③의 과정을 3~4회 반복한다. 반복 횟수는 정해져 있지 않으므로 두께를 보면서 작업하도록 한다.

| 감점요인 |
· 글루 도포 시 글루가 피부에 닿거나 흘러내릴 때

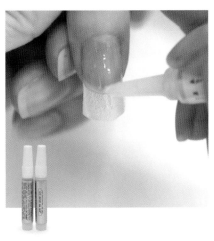

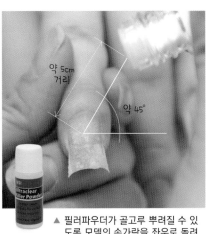

▲ 필러파우더가 골고루 뿌려질 수 있도록 모델의 손가락을 좌우로 돌려가며 뿌린다.

**필러파우더 뿌릴 때 유의사항.**

· 직각으로 세워서 뿌리게 되면 파우더가 뭉쳐서 떨어지므로 45° 각도 옆에서 뿌린다.
· 필러파우더를 뿌릴 때 모델 손톱에 너무 가까이 대면 가루가 뭉쳐 표면이 울퉁불퉁해져서 파일링할 때 시간이 많이 걸릴 수 있으므로 5cm 정도의 거리를 두고 뿌리도록 한다.

글루를 바를 때는 손톱 끝이 아래를 향하도록 하여 글루가 실크 끝으로 흐르게 한다.

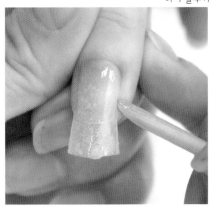

▲ 글루가 필러파우더를 따라 움직이므로 큐티클 라인과 사이드 월 부분의 필러파우더를 제거해준다.

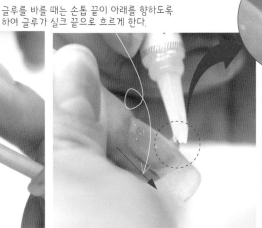

▲ 글루 팁이 실크에 닿지 않도록 최대한 근접 거리에서 물방울 형태로 도포한다.
※글루의 양이 적으면 기포가 생길 수 있으므로 넉넉하게 발라준다.

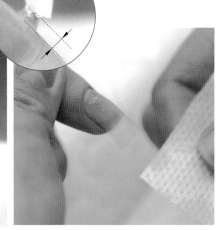

▲ 실크 끝에 맺혀 있는 글루는 페이퍼타월을 이용하여 제거해준다.

04

## 07 | 글루 드라이어 뿌리기 및 핀칭주기

충분한 두께가 나왔으면 글루 드라이어를 20cm 정도 떨어져서 뿌려주고 바로 핀칭을 해서 C커브(146페이지 참조)가 잘 나올 수 있게 한다.

 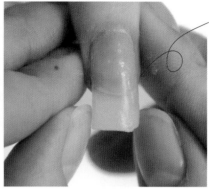 

글루 드라이어를 뿌려주고 바로 핀칭을 하지 않으면 굳어 버리게 되므로 즉시 해주도록 한다.

## 08 | 모양 잡기 및 실크턱 제거하기

① 180그릿 파일을 이용하여 가로, 세로 모두 직선의 스퀘어형으로 잡아준다.
② 양쪽 스트레이트 포인트가 11자가 되게 파일링해 준다.
③ 인조손톱의 두께가 0.5~1mm로 일정하게 파일링해준다.
④ 손톱의 표면은 하이포인트에서 상하좌우의 굴곡이 자연스럽게 연결되게 한다.
⑤ 큐티클 부분이 다치지 않게 주의하면서 큐티클 라인을 따라 실크턱을 제거한다.

 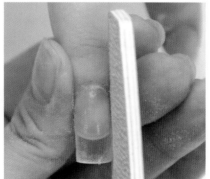 

1과제 케어 작업으로 인해 큐티클이 예민해져 있으므로 출혈이 나지 않게 조심해서 파일링한다.

**인조손톱 두께 조정 시 유의사항**

두께를 맞추기 위해 인조손톱 끝부분에만 파일링해주는 경우가 있는데, 그렇게 하면 하이포인트에서 내려오는 능선이 매끄럽지 않고 푹 꺼지게 되므로 세로 방향으로 파일링해주는 것이 좋다.
※가로 파일링을 잘못해서 하이포인트를 죽이는 경우가 없도록 주의한다.

## 09 | 표면 샌딩하기

① 파일링이 끝나면 손톱 표면은 스크래치가 많이 나 있는 상태이므로 샌딩파일을 이용하여 꼼꼼하게 정리해 준다.
② 더스트 브러시로 손톱 표면의 이물질을 제거한 뒤 젖은 멸균거즈로 손톱 표면과 밑부분을 깨끗이 닦아준다.

사이드 부분은 비비게 되면 연장한 손톱이 걸리게 될 수도 있으므로 조심하도록 한다.

## 10 | 젤글루 및 글루 드라이어 도포하기

① 투명도를 높여주기 위해 젤글루를 바르는데, 폴리시를 바르듯이 손톱 전체를 골고루 발라준다.
② 인조손톱 표면을 다 바른 뒤에는 손을 뒤집어 실크 밑부분도 발라주도록 한다.
③ 젤글루를 바르고 난 뒤에는 손톱 위아래에 글루 드라이어를 분사해 준다.

젤글루를 너무 많이 도포하게 되면 두께가 두꺼워질 수 있으므로 주의한다.

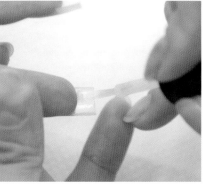

글루 드라이어를 분사하고 잠시 후 C커브를 확인하고 마지막 핀칭작업 을 한다.

## 11 | 표면 정리하기

① 글루 드라이어를 뿌린 뒤 샌딩파일로 전체적으로 한번 더 정리해준다.

② 광파일로 표면에 광을 낸다.

③ 더스트 브러시로 손톱 표면의 이물질을 제거한 뒤 젖은 멸균거즈로 손가락 및 손톱 표면과 사이드, 손톱 밑부분을 깨끗이 닦아준다.

④ 큐티클 오일을 큐티클 주위에 발라주고 마른 멸균거즈로 닦아준다.

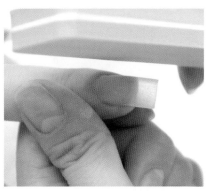 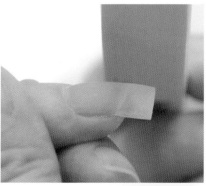 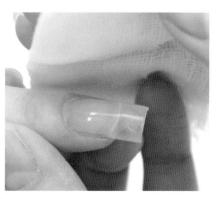

큐티클 오일이 인조네일 표면에 묻게 되면 광이 약해질 수 있으므로 주의한다.

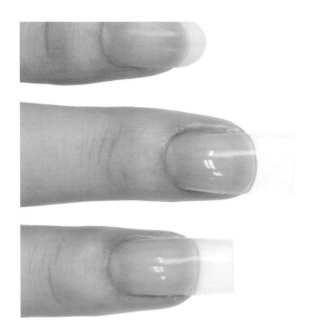

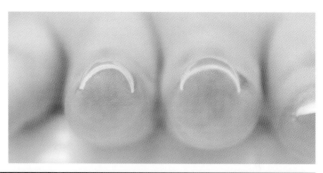

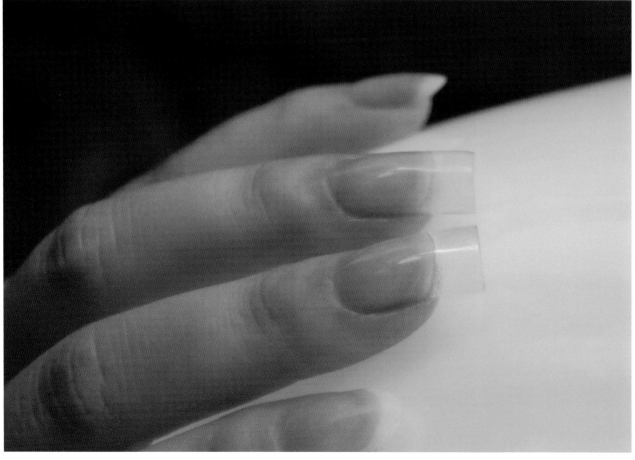

04

Chapter 05
# REMOVE of
## Artificial Nail

인조네일 제거

# 개요

제4과제에서는 제3과제에서 작업한 오른손 중지의 인조네일을 제거하면 된다. 내추럴 팁 위드 랩, 젤원톤 스컬프처, 아크릴 프렌치 스컬프처, 네일랩 익스텐션 모두 제거 방법은 동일하다. 자연손톱과 손톱 주변에 상처가 나지 않도록 유의하면서 작업하도록 한다.

## 01 | 과제개요

| 셰이프(Shape) | 대상부위 | 배점 | 작업시간 |
|---|---|---|---|
| 라운드 또는 오벌 | 오른손 3지 손톱 | 10점 | 15분 |

## 02 | 심사기준

| 구분 | 사전심사 | 시술순서 및 숙련도 | | 완성도 |
|---|---|---|---|---|
| | | 소독 및 파일링 · 셰이프 | 쏙오프 | |
| 배점 | 2 | 2 | 3 | 3 |

## 03 | 심사 포인트

### (1) 사전심사
① 시술에 필요한 준비목록이 모두 구비되어 있는가?
② 작업 테이블이 깔끔하게 정리되어 있는가?
③ 위생이 필요한 도구는 소독용기에 담겨져 있는가?

### (2) 본심사
【시술순서 및 숙련도】
① 시술 순서가 잘못되지 않았는가?
② 전체 과정을 얼마나 능숙하게 작업하였는가?

【소독】
① 수험자와 모델의 손을 적당한 방법으로 소독하였는가?

【파일링】
① 시술에 적당한 파일을 선택하였는가?
② 파일링 작업 시 비비거나 문지르지 않았는가?

【셰이프】
① 손톱 모양이 라운드형 또는 오벌형인가?
② 손톱의 좌우 대칭이 맞는가?

【쏙오프】
① 쏙오프를 하기 전에 보습을 위해 손톱 주변에 큐티클 오일을 발랐는가?
② 인조손톱 제거 시 자연손톱과 주변에 상처가 나지 않았는가?
③ 아세톤을 적신 솜 위에 호일을 제대로 감았는가?

【완성도】
① 전체적인 완성도 체크
② 손톱 표면과 손톱 아래의 거스러미, 분진 먼지, 불필요한 오일이 묻어있지 않는가?
③ 인조네일을 완전히 제거하였는가?
④ 제한시간 내에 모든 작업을 완료하였는가?
⑤ 작업 종료 후 정리정돈을 제대로 하였는가?

# 사전
# 심사
## Pre-evaluation

## 01 | 작업대 세팅

필요한 도구와 재료를
바구니에 담아 세팅한다.

팔목 받침대

타월

더스트 브러시, 오렌지 우드스틱, 클리퍼, 큐티클 푸셔는 소독용기에 담아둔다.

※소독용기 준비는 이렇게!
소독용기에는 멸균거즈를 바닥에 깔고 알코올 70%, 물 30%를 더스트 브러시가 1/2 이상 충분히 잠길 수 있도록 준비한다.

### 준비물 꼭 챙기세요!

01. 위생복
02. 마스크
03. 손목받침대
04. 타월
05. 페이퍼 타월
06. 위생봉투
07. 스카치테이프
08. 바구니
09. 우드파일
10. 샌딩파일
11. 인조네일용 파일
12. 소독용기

13. 푸셔
14. 오렌지우드스틱
15. 더스트 브러시
16. 화장솜
17. 멸균거즈
18. 큐티클오일
19. 지혈제
20. 쏙오프 전용 리무버
21. 호일
22. 클리퍼
23. 소독제

05

# 본심사

Main evaluation

## 01 | 소독 및 위생

### (1) 수험자의 손 소독하기

① 마른 멸균거즈에 소독제(안티셉틱)를 3회 정도 뿌려 양손을 번 갈아가며 손등, 손바닥, 손가락 사이를 꼼꼼히 닦아낸다.

② 사용한 멸균거즈는 위생봉투에 버린다.

### (2) 모델의 손 소독하기

① 마른 멸균거즈에 소독제(안티셉틱)를 3회 정도 뿌려 오른손 손 등, 손바닥, 손가락 사이를 꼼꼼히 닦아낸다.

② 사용한 멸균거즈는 위생봉투에 버린다.

| 감점요인 |
- 하나의 멸균거즈로 양쪽 손을 모두 소독할 때
- 사용한 멸균거즈를 위생봉투에 버리지 않고 작업대 위에 방치할 때

▲ 수험자의 손 소독하기      ▲ 모델의 손 소독하기

## 02 | 길이 자르기

인조손톱의 길이를 클리퍼를 이용하여 자연손톱이 손상되지 않도록 조심
하면서 잘라준다.

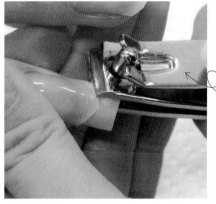

클리퍼는 일(-)자형으로
된 것을 사용한다.

## 03 | 표면 두께 제거 및 큐티클 오일 바르기

① 인조손톱의 표면을 100그릿의 파일을 이용하여 적당히 갈아준다.
② 피부의 보습을 위해 손톱 주변에 큐티클 오일을 바른다.

| Checkpoint |
• 두께 제거 시 마찰열이 발생되지 않도록 주의
  한다.
• 인조네일 제거 작업 시 전동 파일 기기는 사용
  할 수 없다.

| 감점요인 |
• 파일링 시 자연 손톱과 주변에 상처가 날 때
• 쏙오프를 하기 전에 손톱 주변에 큐티클 오일을
  바르지 않았을 때

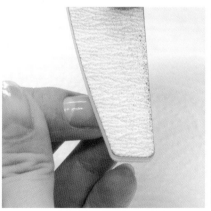

【쏙오프】

① 화장솜에 퓨어 아세톤을 적당히 적신다.
② 퓨어 아세톤을 적신 화장솜을 3지 손톱 위에 올린 뒤에 호일로 감
　싼 뒤 2~3분 정도 기다린다.

| Checkpoint |
• 기다리는 동안 시간 절약을 위해 주변 정
　리를 하도록 한다.

**쏙오프의 반복작업**
한번의 쏙오프로 잔여물이 완전히 제거되지 않으므로
제거될 때까지 쏙오프를 반복한다.

【잔여물 제거하기】

2~3분 경과 후 호일을 벗긴 뒤 오렌지 우드스틱으로 손톱 위의 잔
여물을 제거한다.

| Checkpoint |
• 팁위드랩, 아크릴 프렌치 스컬프처의 경
　우 파일로 제거한다.

## 05 | 손톱모양 만들기

180그릿의 파일을 이용하여 자연손톱의 모양을 라운드 혹은 오벌형으로 다듬어준다.

| 감점요인 |

⚠ • 파일링 시 비비거나 문지르면서 작업할 때
  • 광택용 파일을 사용할 때

▲ 손톱모양 파일링 시 잔여물의 제거도 확인하면서 작업한다.

## 06 | 표면 정리하기

샌딩파일을 이용하여 표면을 매끄럽게 다듬어 준다.

 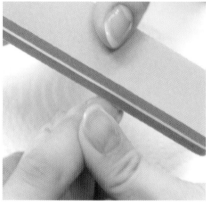

## 07 | 먼지 제거하기

① 소독용기에 담긴 더스트 브러시를 꺼낸 뒤 멸균거즈를 이용하여 물기를 제거한다.
② 더스트 브러시를 이용하여 큐티클과 네일 그루브의 먼지를 제거한다.
③ 멸균거즈로 손톱과 손톱 주변을 닦아낸다.
④ 사용한 멸균거즈는 위생봉투에 버린다.

| Checkpoint |
• 먼지 제거를 위해 핑거볼을 사용할 수 있다.

## 08 | 큐티클 오일 바르기 및 마무리

① 큐티클 오일을 바르고 마무리한다.
② 사용한 재료와 도구는 모두 제자리에 정리하고 작업대 위를 깔끔하게 정리한다.

 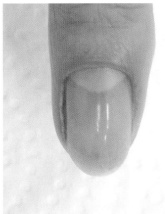 

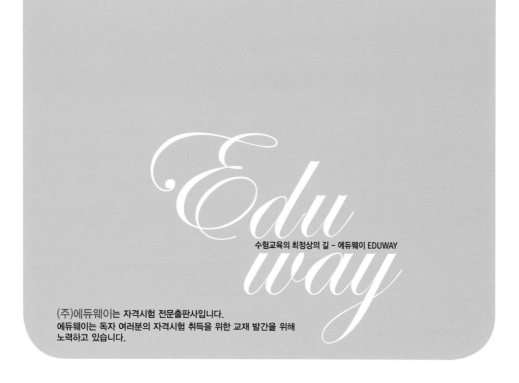

수험교육의 최정상의 길 - 에듀웨이 EDUWAY

(주)에듀웨이는 자격시험 전문출판사입니다.
에듀웨이는 독자 여러분의 자격시험 취득을 위한 교재 발간을 위해
노력하고 있습니다.

# 네일미용사 실기

**2025년 02월 01일 11판 1쇄 인쇄**
**2025년 02월 10일 11판 1쇄 발행**

**지은이** 권지우 · 최수미 · 에듀웨이 R&D 연구소(미용부문)
**펴낸이** 송우혁 | **펴낸곳** (주)에듀웨이 | **주소** 경기도 부천시 소향로13번길 28-14, 8층 808호(상동, 맘모스타워)
**대표전화** 032) 329-8703 | **팩스** 032) 329-8704 | **등록** 제387-2013-000026호 | **홈페이지** www.eduway.net

**기획·진행** 에듀웨이 R&D 연구소 | **북디자인** 디자인동감 | **교정교열** 정상일 | **인쇄** 미래피앤피

Copyright©권지우 · 최수미 · 에듀웨이 R&D 연구소, 2025. Printed in Seoul, Korea

책값은 뒤표지에 있습니다.

ISBN 979-11-94328-04-9

이 도서의 국립중앙도서관 출판시도서목록(CIP)은 서지정보유통지원시스템 홈페이지(http://seoji.nl.go.kr)와 국가자료공동목록시스템
(http://www.nl.go.kr/kolisnet)에서 이용하실 수 있습니다.